道成德自立，实至名自归。

亦鸿启言
YI HONG QI YAN

底 牌
揭开成功的秘密

张雯思　著

中国出版集团

现代出版社

图书在版编目（CIP）数据

底牌：揭开成功的秘密 / 张雯思著 . -- 北京：现代出版社，2023.2

ISBN 978-7-5231-0187-2

Ⅰ . ①底… Ⅱ . ①张… Ⅲ . ①成功心理－青年读物 Ⅳ . ① B848.4-49

中国国家版本馆 CIP 数据核字 (2023) 第 027984 号

底牌：揭开成功的秘密

作　　者	张雯思
责任编辑	姜　军
出版发行	现代出版社
地　　址	北京市安定门外安华里 504 号
邮政编码	100011
电　　话	010-64267325　64245264（传真）
网　　址	www.1980xd.com
印　　刷	三河市博文印刷有限公司
开　　本	880mm×1230mm　1/32
印　　张	9.5
字　　数	172 千字
版　　次	2023 年 2 月第 1 版　2023 年 2 月第 1 次印刷
书　　号	ISBN 978-7-5231-0187-2
定　　价	69.00 元

序　言

有情来下种，因地果还生；

无情亦无种，无性亦无生。

所知障，又称无明惑、无始无明；知，也是一种障。

知识如同一座垒墙，一开始它可以守护心身，因为我们的内心纯净，不会在信息里面加入过多自己的主观意识，能够分辨出善恶险要，做到纯粹接收。

知识积累到了一定程度，当你吃过、见过，已经学得了不少，那么这时，你便有了自己的善恶意识，也更容易陷入"小我执念"；凭着自己的喜好选择性地去接收、去判断，这种由"小我意识"而主导的固化思维，属于一种无知型的自我欺骗。

当认知的墙垒已经堆积很高，或是说，知识多的已经形成一个比较坚固的认知体系时；这层禁锢会将一个人牢牢困住，因为它具有排他性；凡是与自己认知不同，或是超出认知范围的信息，便会被"标记"为谬论，于是，潜意识里形成了认知障碍。

所谓的成功，是一次次的自我打破与一次次的自我重塑；是在经历荆棘后的悟后起修。这能使你做出更符合"规则"的决定；然后，再将自己的行动代入其中，落实到现实工作里，知行合一地践行。

为学日益，为道日损；认知的提升与实力的积累需要不断学习与沉淀，为了实现心中的目标而日益精进；想要有所大成，收获人生的终极智慧，需要观心而执。作为新时代下的创业者与年轻人们，请将热爱与信仰贯穿你们修身、齐家、治国、平天下的大业之中；无功利心、无利用心，修心律己，完善人格；无生法忍，最高境界。

我们每个人都有需要突破的知障，都期待着即将到来的觉醒与成长，此，为成长。无论环境如何改变，唯道不变。道即心，成功的最终底牌在于升级自己心的力量。

居高声自远，非是藉秋风。

目　录

下篇　从青铜到王者的蜕变

上 篇
揭开成功的秘密

第一章　奠定成功的根基

第一节　生命的意义

为天地立心，

为生民立命，

为往圣继绝学，

为万世开太平。

我们的生命，如此伟大，它陪伴我们走过丰富多彩的一生，它耐心地、默默地奉献出自己的时间去成就我们每一个人的价值。是否，我们在忙碌奔波之余也亏欠它一份定义与感恩？是否可以为自己腾出些许时间，去思考如何成就自己的生命？

生命如此公平，它给予我们大把的时间去换取属于我们每个人自身的最终价值。决定最终高度的，是你对待生命的态度与认知。

生命如此可贵，它包含着人世间一切极致的体验，它成就很多人成王成圣，使很多人可以造福一方。生命的价值所在，并不在其本身，而是取决于驾驭它的每一个个体。

生命的意义在于热爱、前行与平衡，衡量一个人生命的最终价值，是他一生中的所知、所感、所为、所经历的一切事物、打磨出的他的那个美好又伟大的精神世界，及这个精神世界为社会及国家带来了怎样的价值与贡献。

生命，是一座意识的修炼场。你所经历的一切的物质世界，都是为了磨炼与提升自身精神世界的高度。我们用心工作与生活，是为了通过生命中遇见的一切去磨炼自己那个美好且伟大的意识文明。

生命的价值被分为三个层级：

第一个层级，解决温饱问题；

第二个层级，专注地做着自己觉得感兴趣，或是觉得很有意义的事情；

第三个层级，明白自己的使命，选择去做能为社会、苍生带来更高价值的事，并且全力奔赴，终生为其努力。

一寸光阴一寸金，寸金难买寸光阴。人的一生丰富多彩，但时间恰恰对我们极为苛刻，人的一生转瞬即逝，很多机会只有失去才觉得遗憾，许多道理只有经历过才能明白其中蕴含的真理。所以，认真地过好每一天，全身心地努力与奋进，这本身就是一种修行。用心工作与生活，去打磨自己的能力与精神世界，然后为这个社会做出些有意义的事情，这样才不愧于生命的意义。

宝藏不在终点，而在过程之中。

其实，生命本身没有所谓的"意义"，但是当我们有了比较，有了竞争，就赋予了它某种"框架性"意义。每个人的生命终点早已定好，真正发挥价值的是过程中的种种经历，它真实的意义并不在于到达终点时的"毕业证书"，而在于一生中经历的无数个过程之中所收获的经历，是这些一连串的经历，带给了我们更多的感知、顿悟、反思、进步，是它们帮助我们提升自己的认知与人格，使我们经历一次次的成功与挫败以后，更加懂得如何更正确地做事、更好地改进自身、活出意义、活出价值，然后把自己的价值更好地回馈给这个世界。

很多人疑惑如何活出自己生命的意义？答案很简单，那就是用心地感悟生活，一切意义都源于心灵的感知。

心灵的感知，不能刻意地去寻找，它只能通过丰富而鲜活的体验来逐渐呈现。当你真正用心地去感知这个世界，欢喜地包容了它的善与恶，你才会拥有一个完整且健全的世界观与认知，才能得到更高阶的思维方式，到了那个时候，你自然明了自己的一生应该如何度过。

我们不要急于给自己的生命下定义，轻易地给这个世界下定论，一定要用心去经历，去感受。然而，带着何种心态去经历这个世界，由每个人自己的内心来决定——是向阳而生，还是枯木朽株，你想让世界对你如何，就应如何去对待这个世界。这也是我们修炼自己内心的目的和意义之一，当真正地"看"清它，你才能彻底地爱上它，才会为了使它变得更加美好而做出千般努力。

生命的价值体现也可以分为三个阶段：

第一阶段，是学习；一个模仿与重复的过程，然后从中得出自己的心得与认知体系。

第二阶段，是做事；让自己把每一件事情都做到明明白白，做到极致。

第三阶段，是将自己的风格与做事融为一体，从每件事情中展现出自己的境界和个人价值。

每个人所有的努力都是为了完成自己的使命，而作为个体的使命是什么——让自己的价值更好地贡献到我们的生活、事业与社会当中。做一个对社会有价值的人，让自己的认知和行为符合集体的利益，这是所有成功人士必备的素养与使命。因为，只有当自己的价值满足和实现集体的利益时，才是真正的有意义。只有在社会中产生价值才是决定一个人成功的衡量标准，也是拉开贫富差距的分水岭。

因为自己的存在可以帮助更多的人，为别人和社会带来价值与贡献，是一个人终极的生命价值体现。优秀人士，成功的企业家、实业家，他们无一例外，都是心中有他人、有使命与担当，并且为了给他人提供更高的利益和价值不断地要求自己，追求自己实力的精进。

很多人都在思考"我要如何才能成功"这个问题。可未曾想，那些真正成功的人心中并无"成功"二字，他们的奋斗目标只有一个主题：超越昨天的自己——不断地自我突破，提升自己对世界的认知，更好地了解事物的本质规律。因为只有这样，他们才能做出更正确、更前瞻、更具有时代意义的事情，而这也是他们取得某些成功的根本原因。

世上根本没有"成功"二字。所谓的成功，不过是在某个领域、某个时间段他做得比其他人优秀一些罢了。

稻盛和夫说："人生的唯一目的就是修炼灵魂，使之在人生谢幕之时比开幕之初高尚一点点。"这句话说得没错，具有一定的认知高度，是我们获取美好的重要条件，然后，我们在此之上延伸出价值感、成就感、使命感等，这些都是一个人感受美好、创造美好的原动力。但是，我认为真正的人生价值不止于此，它不应该仅仅只局限在自己的世界里，优质的人生，其本质的目的是将自己的价值观与价值带入他的生活、他的事业与社会中去，使自己的才能和意识赋能于这个社会，成就集体与国家。

一个人生命价值最终的高低，不单要衡量自身意识世界开悟的多与少，而更多地要思考，因为他的存在、他的开悟与贡献，为这个世界带来了什么？这个世界是否因为他的出现，变得更加美好？孤身跑进深山老林，闭关修炼，不如身入红尘赠人玫瑰，手有余香。

回过头来看，我们从一些优秀人士身上分析，什么是真正成功的人生？成功，不应只衡量个人自身能力高低，物质世界的贫富，更要衡量因为他的能力为大家共同的理念带来了多少价值。生命是一个不断磨炼意识、修炼心灵，从而提升自身价值的过程，通过这些经历与锻炼，更高效地输出自己的价值。最终通过他的不懈努力，让他身边的人、事、物变得更加美好，才是一个人生命的核心意义。

生命的意义，根本无法阐述清楚，这里讲的一切都是抛砖引玉，是为引导每个人去寻觅自己内心真正的感悟。因为每个人的人生不同，经历不同，无法有统一的标准，它要靠我们自己去探索与挖掘，当你让生命变得意义非凡，生命自然会赋予你它的意义。请珍惜宝贵的一生，珍惜每一次经历，用心去感悟这个世界，热爱它，包容它的一切，不断地提升自身的价值，然后，用自己的努力去回馈这个世界，让这个世界因为你的存在而变得更加美好。这种心态极为关键，它是一个人大成与否的决定性因素。

朝闻道，夕死足矣。

人的生命，它给予我们太多，我们真的用心感知过它的良苦用心吗？它让我们在摸爬滚打中不断历练与成长，为的是打开我们的眼界，提升格局，然后更好地看清这个世界。面对这样的良苦用心，请不要抱怨，它是在磨炼你的能力，打磨你的心性，为了使你驾驭更阔大的局面。

当我们发自内心地接受它，感恩这世间的万事万物时，这个世界定然会因为你的衷心，回馈你最好的礼物。

人在江湖，身不由己，但己要先由心。年轻人不仅要追求物质生活的幸福自在，更要"维修"好自己的一颗心。这是一切美好的起源，是生命的意义的最终归宿，也是一个人获得成功的根基。

生于海，归于海，一鲸落，万物生。

愿你拥有这个世界的一切美好，希望因你的出现让这个世界变得更加绚丽多彩。

第二节　自我修养

如果说，生命的意义在于打磨个人价值与能力，使其更好地作用于这个世界，那么，人的一生需要具备什么样的思维，拥有什么样的认知与能力，就决定了会选择什么样的人生，实现什么样的人生价值。

谈到这里，就不能不谈到孟子，他是中国第一个系统地提出自己人生价值观的圣人。在他看来，人具有普遍而先验的道德本性，我们每个人都可以通过自我的道德完善成就理想人格。因此，他认为，人的道德本性是一个人最终价值的根基；君子或圣人之类的人所追求的理想人格是实现人生价值，而努力寻求突破，不断提高自我认知和修养是实现人生价值的重要路径。

就像我经常说的，生命的意义并不在于终点取得的结果，而在于过程中通过不懈努力得到的意识与能力的提升；努力的过程就是个人生命价值的具体体现；换句话说，你为当下的行为定义了何种目标与使命，决定了当下的你会采取何种言行，而当下的言行是否做到了与目标知行合一，反映了你的认知与格局的高度，以及个人综合实力的整体表现。

从孟子提出的人生价值观不难看出，道德本性与价值体系的完善是人生的两大重点课题，这里的道德与世俗理解的不同，简单来说，你可以理解为一个人的"道行"与"德行"。孟子认为，道德的完善需要一个持续的过程，它是一个人体悟道德本性的"悟道过程"。通过一系列的学习与感悟，不断地体悟自己的本性，感悟自己与世界的关系和作用规律，然后获得更高维度的认知，知道如何更好地自我提升，修正不足，这就是塑造一个优秀人格的悟道过程，也是人生价值的实现过程。

孟子把自我修养看作成功路径上的主要途径之一，因为他认为每个人的自我修养是小到一个家庭、一个集体，大到一个国家可以保持良好稳定发展的基础。这套理论，拿到当下现实社会来，也同样能使很多人受益，因为他强调了"向内求"而非"向外求"的意义。自我修养，就是一个"向内求"的过程，以"尽心、知性、知天"为核心，修炼自己的实力与精神世界上的境界。

意识的高度和修养对一个人的发展实在是太重要了，人们一味地强调肉体和物质上的满足，只在肉体和智力上花时间，而忽略了对自己精神世界的打磨与管理，这是现在社会中很普遍的一种现象。很多人也模糊地知道精神世界对肉体有影响，然而，正视这个问题，认认真真修炼及提升自己的意识的人却少之又少。

换句话说，一个人的意识世界对他一生的影响，不仅仅限于躯体健康与否或是学问高低，它还会对我们的人生轨迹带来极大的影响。或许有些人认为，自己心中所想是自由且随意、无伤大雅的。但实际上，现实世界是你心中所想的镜像，决定着你的发展与未来。

作为优秀的企业家和创业者，首先是要了解相由心生、境由心转的本质意义，然后，通过不断打磨自己的意识和修养，做到真正意义上的"修身、齐家、治国、平天下"，才是最佳的成功法则。

"修身"永远都是第一位的，那么，具体修什么？修认知观、修思维方式、自省能力、谦卑意识、利他思维，修炼知行合一、修炼出更大的格局与执行更高的使命。孟子心中优秀的人格有"善、信、美、大、圣、神"六个境界，他也从另一个角度在阐述自己对成功人士的期待与忠告。正所谓，"可欲之谓善"——此为第一个境界，一切成功的起点都要从人对善有追求，要从渴望自己成为更优秀的人开始。先有梦想，再立目标，然后执行，这也是后来王阳明所说的"知为行之始"。

第二个境界，是信。"有诸己之谓信"，用现代的话说就是，别嘴上说相信，其实还是按照自己原有的认知做事。自己想要追求更好的发展、更大的平台，然后能把这种认知及行为要求变成自己的品德和做事准则，这才是真的信，说明你真的明白了"善"的本质，真正让自己具有"善"为信。

然后，"充实之谓美"——此为第三个境界，"大美"的人通过自己的自觉努力，把原有的"善"不断扩大，扩而充之，使其完全充盈着自己的意识与言行，将自己的信仰和修养灌注全身，此时，你会全身充满正能量，永远都会充满动力，永远不会迷失方向。

众所周知，人的能力需要打磨才能获得提升，人的修养同样如此。而修养中最重要的一部分，就是一个人的意识世界的高度、认知的高度。很多道理，是真知还是假知，能否做到贯彻在自己的一言一行中，为了实现目标而不断修正自己的言行。然后将这股力量经过不断的磨炼而变大变强，成为自己的信仰和支撑自己走下去的使命。

到了这个境界，是"充实而有光辉之谓大"——此为第四个境界，不但自己有内在修为，有智慧和能力，还能充分地传达出去，发光发热，因为自己的实力和品德影响到别人，使别人因为你的存在而受益，达到了利他、度人度己、成就他人的境界，那就是"大人"了。

放眼当下社会，有很多人做到了，马云让天下没有难做的生意；任正非使中国科技站在了世界前沿，做到了可以超越不少西方先进技术；稻盛和夫因为自己的智慧而引导了很多优秀企业与企业家成长；乔布斯通过创新和努力，颠覆了手机的定义，引领了一个时代的到来……这样优秀的企业家有很多。他们无非是做到了孟子所提出的人格境界：知、信、行、充。

通过自己的言行和使命，可以感化他人，"大而化之谓圣"——此为第五个境界，做到将美德发扬光大，感化他人，做到从修身、齐家，到治国、平天下的贯穿，所谓的圣人教化万民、教化万邦也不过就是这个境界。然后就是最后一个"神"的境界，这里的"神"与佛教、道教所谓的"神"不同，它是一种比喻，并不会聚焦于某个人物，孟子之所以提出修正人格的六个境界，是为了强调人一定要"向内求"的重要意义，而不是求某个"神"。"圣而不可知之之谓神"，"圣"到不可知，才算是神，是一种"随风潜入夜，润物细无声"一般的自然，是一切都是那么的刚刚好，没有半点刻意，让人不知不觉地被感染，被改变，这是"道"的境界。所以，想成为某个领域内的大神，首先，要"够圣"，自己的认知高度和言行举止都要具有一定的实力；第二，要"不可知"，自己并不知道自己多厉害，别人也不一定知道，没有刻意修为，没有为了利己而去利他的执念；最后，有就是无，无就是有，世间万物都是自己的导师，也都是自己的子民，对身边事物充满大爱之心，成就这个世界，不求回报，即庄子所说"至人无己，神人无功，圣人无名"。

第三节　秉持童心

大人者，不失其赤子之心者也。

——孟子

人随着年龄的不断增加，在生命的历程中，儿童时期总是充满着傻气与天真，当我们回想起童年时期的故事，总能带出各种各样的感触，会觉得那时的自己太淘气、太不懂事、太直率、太冲动，如果换作现在，自己肯定不会那么冒失等类似的想法。童心总是带着一股天真，这种天真正好也在衬托着我们对生命的激情与好奇；而对成人来说，天真往往是一面镜子，能照出世故、渺小和成熟后的胆小。

所谓成熟，可以理解为两种：一种是我们平时看到的成熟——懂事、懂规矩，会做人，世故，圆滑……这些词没有负面意思，它们只是从各自的角度去形容一个人成熟与稳重的特性。但是这些成熟的特性如果稍不留神就会转变成一种呆滞，我们的思维逐渐变得按部就班，以至于失去了原有的创造性。现在很多人甚至因为过于迁就现实而失去了生命力和炯炯有神的目光。

还有另一种成熟，那就是我们见到的有所成就的人，无论是政治家、企业家还是艺术家，他们的成熟背后还藏着一层童心，是看透事物的本质以后依然选择热爱的那份热爱。他们之所以取得伟大的成绩，很大程度上是因为他们一直保持着这样一份天真的秉性和一颗自由的心。他们用激情与好奇去触摸这个世界，然后挖掘出更多的美，以及生命中最灿烂的那部分。

这一类人并不是不懂世故，而是不聚焦于世故，不愿把生命浪费在大家公认的，甚至是成为负担的规矩中。他们的心像孩童一样，把精力专注地放在自己热爱的事情上，以一种自在、激情、开放的心态，成就自己的事业。我非常欣赏这样真正的童心，这是经历风雨后依然热爱的那份纯真的爱，是真正成熟后的返璞归真。

夫童心者，绝假纯真，最初一念之本心也。若失却童心，便失却真心；失却真心，便失却真人。人而非真，全不复有初矣。

——李贽

真正的成功人士，都有一颗童心。

稻盛和夫说："如果不以纯洁的心灵描绘愿望，就不会有卓越的成功。即使抱有强烈的愿望，如果这种愿望是出于私利私欲，那么也许能带来一时的成功，但这种成功不可能长期持续下去。基于反社会的动机产生的愿望，越强烈越会与社会发生碰撞与摩擦，结果只会带来更大的失败。要想使成功长期持续下去，描绘的愿望和焕发的热情必须是纯洁的。"

是的，放眼望去，那些已经有所成就的企业家、创业者，皆因童心而起心动念，开启自己的创业之旅，然后，秉持童心坚定前行，才有了今天的成就。所以，保持童心的另一个重要原因，是它能给我们带来干净的心灵和强大的学习能力。干净的心灵，会使你在众多声音和诱惑中依然坚定信念，砥砺前行，它会带给你一份干净、纯粹的执着力；而强大的学习能力，往往都来自强烈的好奇心，以及对事物的无分别心。当我们经历岁月的雕琢以后，最难保持的就是那份——无分别心，那是一个人最干净、最坚毅也最强大的力量源泉。

成长是一笔交易，人们用纯净的心灵与未经人事的纯洁，去交换长大后所需的自信与能力。随着年纪慢慢增长，人们慢慢地学会了编织谎言，隐藏自己。人们开始言不由衷、言行不一，一点点丢掉了内心深处那个最真实的自己；随着自己一点点地长大，一点点地成熟，也在一点点地丢掉自己的童心，变得越来越世故，越来越渺小，也越来越胆小；内心里再无单纯的热情，生活中也再无对新鲜事物的激情。

单纯，并不是任性胡闹、为所欲为，而是那份真诚与坦率，那份通透与豁达。内心深处如同赤子一般清澈地看待问题，这并不是幼稚，而是一种难能可贵的品质，一颗宝贵的童心。

孟子说："大人者，不失其赤子之心者也。"什么意思？老不正经吗？当然不是。

他描述的是一种胸怀宽广、看透一切却依然热爱的"宰相肚里能撑船"；是那份童心纯真不伪，本色自然。因为他不再斤斤计较于一得之利，一孔之见，而是能始终保全自然无为的本色，永远以一种童心般的新奇和纯真面对这个世界，生机蓬勃；这是一种开悟后的纯真与气度。

老子说："常德不离，复归于婴儿。"又说："众人熙熙，如享太牢，如春登台。我独泊兮，其未兆，如婴儿之未孩。"意思是：你看那众人都熙熙攘攘、兴高采烈，如同要去参加盛大的宴席，如同在春天里登台眺望美景。而我却独自淡泊宁静，无动于衷，就像那不知笑的婴儿一样。

无论"淡泊以明志，宁静以致远"，还是"赤子之心"，都说明一个道理——真正成功的人，注定与常人不同，因为他们心中没有那么多的杂念，没有那么多认知障碍。

由简到繁容易，删繁就简反而很难。在生活中不难发现，总是有一些例子让我们唏嘘，懂得越多越迷惘，越不知如何选择；耳边的声音太多，淹没了内心真实的想法与激情。这也是每个行业里人们普遍认同的一个道理：越年轻的人越好带，年纪越大的员工转型或再培养的难度系数越高。这背后蕴含的道理是：

往往随着人经历得越多，越容易"一叶障目"，思维固化，而忽略了来自内心深处最纯净、最强大的声音，那就是童心的力量。

衰老的开始，并不是年龄的增加、眼角的皱纹，也不是头上生出了白发，而是一个人开始越来越难以接受新的观点和新的事物。所以我们经常说，安于现状就是一种衰老，不思进取就意味着死亡。

一旦停止学习，思维的宽度和成长的维度就会开始固化，不断地固化，直至顽固不化。反之，一个人容颜虽然老去，但是他的见识、阅历、认知都在大幅增长，他生活的每一天都在改变。这样一个每天都在更新与进步的生命，我们自然不能说他在"衰老"。

苏轼的一生仕途不顺，半辈子都在贬谪的路上，但是他读书、绘画、书法、学医、厨艺、耕地、政务、水利，一个也没落下。他的诗词至今有人传唱，他的《寒食帖》被誉为天下第三行书，以他命名的"东坡肉"被收入中华民族美食食谱。西湖的苏堤至今矗立，海南的学堂依然有他的传说。对生活沸腾的热情，让他没有被政坛的风雨淹没，面对残酷的现实生活，他反而活得津津有味。

童心不是一种年龄，而是一种能力，是经历过风雨和泥泞，最后依然选择单纯和美好的返璞归真。探索与追求的本质是在成就自我，学问也是在不断地探索与交流中得到升华。

　　无论是开创事业，还是管理企业，想要有所成就，实现自己的人生价值，必须要有不进则退的危机意识与积极热烈的求知欲望。让自己活泼而不轻浮，严肃而不冷漠，自信而不骄傲，谦卑而不卑微；进步时懂得反思，受挫折时保持信念，在追求成功人生的过程中怀抱一颗美好的童心，在奉献中实现生命价值。只有如此，才能在人生旅途中不惧风浪，遇霜不败，逢雨更娇。这样的人不是没有致富的念头，而是把成就事业、贡献价值作为自己人生奋斗的意义，这样的人注定会是非常了不起的人。如果你也能做到秉持童心，那么，你的人生无论是轰轰烈烈还是平平淡淡，都一定会硕果满满。

第四节　一念之间

"一念之间"也是直指人心，是生活与工作中最为切要的一句话。我们在世间生活，是好是坏，是善是恶，是吉是凶，是贵是贱，都在你我心中那一念之间，持有正面思维可以帮你打开积极的人生。

世间没有绝对的难易，有心无心，只在"一念之间"。天下无难易之事，只问有心无心；心态不同，看待事物的角度就不同。

天下没有绝对的输赢，成败只在得心、失心的"一念之间"。不同的人在同样的情况下对事物有不同的态度和想法，这是由他们对世界的认知和思维方式不同决定的。

比努力更重要的是思维方式。

中国建材集团公司董事长宋志平回忆自己2002年3月被任命为中国新型建筑材料集团公司总经理时曾说："那时集团正面临一场生存危机，企业销售收入只有20多亿元，银行逾期负债却有30多亿元，除了我以前所在的北新建材，集团旗下的壁纸厂、塑料地板厂、建筑陶瓷厂……几乎全部停产或倒闭。日子过得极为艰难。在宣布就任的主席台上，我收到了一份特殊的

'贺礼'——一张法院传票,因为集团负债累累,一家资产公司要冻结我们的财产。"后来,他前瞻性的战略思维能力帮他解决了难题。近年来,中国建材集团实现了由小到大、由弱到强的跨越式发展,成功进入世界 500 强。

同样的条件,同样的资源,为什么有些人可以把它变成机会,而有些人却经营成了地狱?关键在于,你是选择直面问题、解决问题,还是选择逃避抱怨、妥协推诿。懂得用积极正面的态度去解决问题的人,终会将阻碍变成机会。

所以,人生和事业的成功,需要保持正确的思维方式,才能充满激情、主动突破自我、提升能力,因此拥有正确的思维方式有时比努力更重要。因为,当一个事件发生的一刹那,选择积极思维方式的人可以更高效地分析事件并从容地处理问题,他们的反应力、决策力和表达力都远远高于选择负面思维的人。

只有站在未来的人才能影响现在,企业领导者就是站在最高处为企业眺望远方的人,即便经历风吹浪打,也不能阻挡远望者的视线。

——宋志平

一切的文明成果,都是正面思维的结果。但是,人是感性动物,一旦被欲念牵制住了情感,就会偏离正道。所谓的修身克己,就是要时刻修正自己那颗躁动的心,让自己遇到问题时,选择用正确的认知和思维去处理，修身的目的是学会管理自己的情绪以及提高知行合一的能力。

老话说，人生不如意事常八九，中国的道家文化教导我们：一切事物都由一阴一阳两面组成；河有两岸，事有两面，正面与负面影响同时并存；苦与乐，吉与凶，也只在你心中的一念之间。

天下无苦乐之事，只问烦心平心之人：在烦恼人面前，快乐也是苦。对平等心的人来说，无苦亦无乐。人生有乐必有苦，人生有苦就有乐。乐中自有人生苦，苦中也有人生乐。人生乐从苦中来，苦尽甘来便是乐。乐极生悲即为苦，否极泰来就是乐。何必把痛苦视作附加罹难、快乐视作理所当然？真正智慧的人，即便身处"苦"中，依然能保持乐的心境。

面对人生的失意、事业的压力、投资的失败等，往往决定一个人向上还是向下发展的关键就在那一念之间的选择，而这个选择的正确与否，往往是由思维方式导致的。负面的思维方式如果不改正，无论你现在有多少财富，也不可能拥有长久的成功人生，要拥有成功且幸福的人生，一定要提升认知维度，认清工作的意义、事业的目标、自己的定位，然后用正确、正面的思维去面对人生。

杜国楹，小罐茶品牌的创始人，他曾经明确表态，"正确的思维方式实质上是检验一个人能否跳出眼下局部看事物，能否具有高站位、大视野、利他人思想境界的试金石。只有拥有正确思维方式的人，才能成为各行业的领跑者和领军人物。"

我们身边那些成功的人，能在"一念之间"时选择正面思维，选择积极、热情、乐观、播种，这是他们成功的秘诀。因为，正向且积极的思维方法可以使人在困难中见证力量，在孤独中相信力量，在挫折中磨砺力量。它具有前瞻性、建设性、光明性。艰难的时光仿佛漆黑的隧道，人们在黑暗中慢慢地摸索前行，在不为人知的苦难中默默地承受煎熬，然而，正心正念就像是黑暗中飞驰而来的火车，冲破束缚与困境，带你瞬间走出黑夜，刹那间光明迎面而来，带给你无尽的希望与动力，使你感受着脱离地狱以后这世界的温柔。

"今天很残酷，明天很残酷，后天很美好，但是很多人死在明天晚上。"这是多年前马云的一句很经典的话。所有成就大业的人，似乎总有相似的品质：不达目的誓不罢休。当一个人面对巨大压力和困难的时候，看似前方是一条不可逾越的鸿沟，这时，一定不能负面，在痛苦的时候选择光明，是成功人士的必备能力。因为，坚持不住的时候，是你接近成功的开始。

生命最宝贵的不是它给予我们的美好与幸福时光，而是通过那些黑暗和迷茫的时刻磨炼出来的那一颗正阳之心，它时刻守护着我们，使我们无论身在何时何地都能看到希望，寻到梦想，遇见未来那个更好的自己！

第五节　这个世界因为你的心而呈现

心即道，道即天。知心则知道，知天。

前面我们讲了正向思维方式对人的事业发展的影响，它可以使事物由负面转化为正面，它可以大大地提升你的应变力、表达力、决策力。这就是人生取得巨大成就的秘诀之一，是一切成功者的修炼法门，也是最符合大道规律的宇宙法则。

王阳明提出的心即理，心即道，心外无理，心外无物，心外无事，也在阐述这个道理。你的心，是这个世界的创造者。所有的日月星辰、其他生物，乃至宇宙皆为心的幻象。你的心中时刻在描述你对这个世界的看法与期待，你在心中为自己画出了怎样的蓝图，决定了最终你人生的高度。那些优秀的人有着强大的意识去控制自己的内心，他们可以看透事物本质，并且驾驭内心世界去应对变化万千的物质世界；反之，普通人往往一叶障目，选择相信眼睛所看到的，习惯被物质世界所干扰，甚至很多时候忘记了要用"心"做事。

1963 年，任正非成功考入重庆建筑工程学院。读大学的前三年，任正非废寝忘食，一直刻苦学习。在他读大学的时期，他完成了高等数学、电子计算机、数字技术等多个学科，还选修了三门外语，并且把四本厚厚的《毛泽东选集》读了无数遍。

到了大三，原本"毕业，进入单位"的规划却遭遇了重大变故：任正非的家庭被卷入了"文化大革命"的风波之中。

当时，他父亲任摩逊因其背景和职业经历被打成了"臭老九"，经常被涂黑脸，戴高帽，到大街上游行。那时候，很多和任摩逊有同样遭遇的人，因无法承受巨大的身心痛苦而自杀。但是任摩逊心里想着自己有7个子女，虽然承受着巨大的屈辱，却仍然努力坚持着。

后来，他父亲被关进监狱，身体和精神都受到了巨大打击，家里的经济条件也越发变得艰苦。那时，任正非并没有被吓到，他选择与6个弟妹都出去打工，虽然收入很少，却还是一边学习一边工作。

由于他的母亲要一边照顾丈夫，一边挑起家庭的重担，挖沙子、抬土方。长期的心力交瘁使她的身体很快出现了问题，听力严重受损，还得了肺结核。但是他母亲在给任正非的家书中，从来没有提过父亲被批斗和自己生病的事情，只为了让他安心学习。

在父母为他创造出的这段安稳的岁月里，任正非一心读书，直到有一天，他从老乡口中得知父亲的遭遇。后来任正非决定回家看看，当时交通不发达，在历经了扒火车、走夜路的颠沛后，任正非终于回到家里。

当时，任父已经从监狱出来了，但是每天还要在监视下做苦工。看到家里的境况，任正非心如刀绞，对父母弟妹满是愧疚。父亲叮嘱任正非：只有知识才能改变命运，中国社会讲究的是"学而优则仕"，只有知识上过硬，将来才能更加体面地照顾弟妹，回报父母。就是这句话给了任正非莫大的动力，他选择回到校园继续深造。后来任正非咬紧牙关，修完了所有课程。

今天我们了解到了任正非的大学生活，了解了他的家庭在那个时期因为时代原因而磨难重重。任正非的父母在重压之下没有自暴自弃，反倒是以子女的生计为未了的心愿，忍痛扛过了那一段身心受辱的岁月。任正非没有选择颓废，而是让自己更强大的心变得念更加坚定。

作为一个儿子，他强大的内心使他时刻牢记父母的叮嘱，并且严格要求自己，认真执行；作为一名学生，他没有因为家庭因素而影响学业，反而让这段经历变成激励自己的动力；后来，作为一名创业者，更是时刻牢记自己的初心，克服了艰难险阻，成立了华为；到现在，面对全球各领域的压力，他依然能做到独当一面，原因很简单，是他有一颗坚强勇敢的心。

这样坚强的意志、强大的自控力和广阔的格局值得我们所有人学习。不仅要努力深耕自己的专业实力，更要时刻磨炼自己的意志力，开阔眼界与认知，这样才能看得更远、走得更长久。

泰戈尔说："人生虽只有几十春秋，但它绝不是梦一般的幻灭，而是有着无穷可歌可颂的深长意义的；附和真理，生命便会得到永生。"

问：什么是真理？

答：这个世界就是你的内心呈现。

第二章　过去、现在、未来

第一节　过去 = 现在 = 未来

现在，是未来，是过去，是一切开始的种子。人生是每一个"现在"的累积。

从前有一个禅师开悟了，徒弟问他："师父，您开悟之前是什么状态，开悟之后什么状态？"

大师说："我开悟前砍柴担水，开悟后砍柴担水。"

小和尚一听，心想："这算哪门子开悟？"

大师说："我开悟前砍柴的时候想着担水，担水的时候想着砍柴，开悟以后，我砍柴的时候想着砍柴，担水的时候想着担水。"

我们常讲的"当下的力量"是可以穿越时间和空间概念的，而禅师说的就是一种"心"保持在此时此刻的状态，正是印证了现在就是过去,现在就是未来。

当下的每一个决定都可能改变过去你做过的事情,无论过去多么风光,眼下的一个小失误都可能功亏一篑;无论未来的道路多么艰难坎坷,眼下的正确决策也可能力挽狂澜,它可以影响你的过去与未来。所以,从某种意义上说,过去与未来并不存在,时间也只是一个相对概念,只有当下才是唯一的存在。

长江商学院的副院长张晓萌曾经感慨道:"人们已经花了太多的时间去顾虑未来,去后悔过去,但是我们唯一没有做的就是去感受现实此刻的美好。"

我们有时太急功近利,总觉得"未来"可期,岂不知,上天早已把你所需要的一切都放在了眼前,只是你不懂得发现。那么,怎样才叫真正地活在当下呢?其实答案非常简单。首先,要有良好的心态,也就是我们之前说的正面思维,无论我们遇到什么,无论面对什么,无论何时何地,都要葆有一份对生命的热爱,对世界的热爱,因为我们的生活是由一个又一个这样的"当下瞬间"组成的,不爱就会丢失很多发现美好的机会。

这是一种能力,爱因斯坦说只有两种态度可以度过你的人生,一种是把什么都不当作奇迹,一种是把什么都当作奇迹。我们一直低头走路,把沿途的风景都错过的时候,也许早已迷失了方向。这时不妨暂时停下脚步,看看天,找找方向,享受一下当下，享受一下这个世界。然后，当你发现世间的美好以后，要学会把握当下这份美好，过去的问题已成过去，未来还未来临，只有当下才是上天给你最好的礼物。请不要忽视捕捉当下幸福的能力，因为当下的决策可以改变过去，也可以改变未来。

成功，是一步步的积累，是把握每一个"现在"后的积累。然而实际情况却是，我们经常忽略"积累"的这个过程，总是想着一蹴而就，容易聚焦于别人终点的成绩。所以，现在这一秒你是否用心积累，是否用心把每件事做好，眼下是否把每一项工作当作第一次接触时那样的用心？然后，保持这样的状态，日复一日地积累，蓦然回首时，不知不觉你已经站在人人向往的高峰上。

那些把企业经营得风生水起的前辈们，无论何时我与他们谈论起这个话题，他们的看法都极为相似——人生若只如初见；认真过好眼下的每一天，用心去做事，不断积累自己的实力。因为，在当下竞争如此激烈的市场条件下，就算他们想在短时间内克敌制胜，明天也不可能跨过今天从天而降，无论他们想做多大的事业，有多伟大的帝国蓝图，也只能一步步地做，一天天地积累。

把"现在"的力量发挥到极致是一种极为"可怕"的能力，这是一个人持续性地"发力"。放下过去，放下未来，执着眼下，考验着一个人的定力与韧性。然而生命的意义也就在此，在于顺境和逆境中的那份坚持，自己心中对人生的定位与期望就是对命运的那一份捍卫，往事如烟总是轻，脚下路远细思量。

我们似乎总是忙着赶路，却忘记欣赏沿途的风景，错失了很多美好。山一程，水一程，一路风雨兼程，一路披荆斩棘。人这一生似乎很匆忙，往前看，人生仿佛遥不可及；往后看，却又咫尺可量，希望每个整装待发的重新开始，都在这年少的岁月里为时不晚。

花开堪折直须折，莫待无花空折枝。

现在＞过去＞未来，与其为明日的不确定而烦躁、过去的失误而悔恨，不如把精力全部注入眼下的机会中，全力以赴地做好每一件事，这是在对自己的未来负责，让"现在"在未来的自己眼中没有瑕疵，这才是让梦想落地的最佳路径。

第二节　成功，需要极致人格

梧高凤必至，花香蝶自来。

成功的人都有些许"洁癖"，他们会踏踏实实地把每件事做到极致，对重要的人、事、物内心里有极高的要求，仿佛身外无物，目中无人一般的专注。我一直用这样的比喻描述他们，当然，这是一句玩笑话，我想表达的意思是，他们热衷于把自己的热爱全身心地贯彻到做事中，且专注、坚持，还非常有意识地让自己维持在这种状态下，然后，日复一复，一丝不苟地让每个细节都达到最佳效果，达到极致状态。

这个时代使人们的心变得极为浮躁，仿佛不浮躁就不对。一味地追求快节奏和高效率，使人们的心很难真正地静下来去沉淀一件事情。这是经济快速发展时代下的必然产物，它使我们生活和工作都处于忙碌状态，但是同时也带来了很多弊端，其中一个最致命的问题就是让人们丢失了专注的能力。

然而，想真正把一件事做到位，或是做到极致是相当困难的，需要长期投入、心细如针、任劳任怨、不厌其烦地重复打磨，需要矢志不渝地坚持和面对枯燥乏味时的忍耐力。而这些对这个时代中的人来说，已经很难做到了。因为，心太浮躁，焦急地想看到一个结果，做事更是高速、敷衍地忙碌。这样的习惯，恰恰站在了成功需要的能力之对立面。

我常说，如果一个人可以把一件事做到极致，那他可以轻松地把所有事做好；反之，即使他做了上万件事，如果没有一件做到极致，从意识价值角度上说等于一件没做。

网易创始人兼董事长丁磊曾经也谈论过这个话题，他说："做企业不是比谁先动手，而是比谁活得长；要想活得长，不是比谁做的事情多，而是比谁犯的错误少。"

优秀的创业者和企业家，他们身上都具有一种工匠精神，可以耐住性子，打磨事情，精益求精。这是一种极致型人格，也是完美主义的一种体现，是因为他们对事业有高定位才有的高要求，或者说有那么点"洁癖"。也正是因为这样的人格才成就了他们今天的业绩。当你可以把一件事做到"吐"，然后"咽"下去，再做，再吐，再做，再吐，反复做到无感以后，那么恭喜，你已经上道了。

惟精惟一。

——《尚书》

《尚书》中的"惟精惟一"是在告诫人们一定要把心思静下来，一心一意地把一件事情做到极致，如庖丁解牛、梓庆削木。请竭尽所能地努力，对自己狠一点，让未来的自己感谢现在的你。无论你想成为什么样的人、想要做成什么事，在这个世界上几乎没有一件事是容易的（除非糊弄做事、敷衍了事），但只要你静下来，让自己在当下专注于一件事情，总能为自己减少多余的阻力与困惑，而越是浮躁，越是放纵自己，就越会和想要的生活渐行渐远。

做好一件事情，虽然很难，但也很简单，它是所有成长与进步的起点，很多人被欲望挟持，习惯同时做几件事，同时思考几个问题，同时着手做多项事情，并以此为傲。这不是不可以，只不过要保证自己对同时做的每一件事都非常用心，非常极致地完成才算赢；而不是因为能力不够、精力不足，左顾右盼，最后满盘皆输，重回起点。极致的人，就是专注＋全力以赴，用所有力量与努力，把每件事做到尽善尽美，把一件事做到足够长的时间，因为，即使当下满意，回过头来发现还是不尽如人意，仍然需要反复打磨，最后才能做出令人惊艳的作品。

优秀的木匠绝不会用劣质木板去做柜子的背板，即使没人会看到。

——乔布斯

乔布斯的成功不是没有道理的，因为他做到了绝大多数人都做不到的一点：即使你看不到，我也要追求极致的完美。

极致，也是一种修行。所谓打磨心智，所谓修行，其实，是要通过一次次的做人做事，去修得专注力、忍耐力、极致的能力。

想要有所成就，要学会取舍，想要专注，就要放弃其他。现代社会生活人们接触到的事物干扰太多，总是吃饭时放不下工作，工作时想着休息，睡觉时又总想着怎么赚钱，更难做到不受外界干扰地专注地探求。所谓舍得，有舍才有得，人的时间与精力都是有限的，我们的能力也是有限的，无法做到同时做很多事情还能完全投入。只有将自己的力量完全专注于一件事情上，并且持续地发力，为此付出时间和心血，才能超越其他人。然后，不浮躁，不急躁，耐心地等待收获成功果实的那一刻。

饥来吃饭倦来眠，只此修行玄更玄。

第三节　迷茫，证明还有梦想

欲戴王冠，必承其重；欲登高峰，必忍其痛；欲有大成，必有其梦。如果你因前途渺茫而感到苦恼，证明你还有想法；如果你为当下感到委屈，证明你还有要求；如果你现在感到痛苦，证明你还有力气，所以，与其怨天尤人，不如站起来奋力一搏，无须畏惧失败，你永远都不会被打败，因为你还有梦想！

我们的征途是星辰大海，不惧未来，勇敢前行。何惧路远马亡，我们来日方长。梦想足够帮你击碎所有的犹豫。外界评价不重要，默默前行最可贵。贫不足羞，可羞的是贫而无志。

迷茫是重新审视自身的过程，是再次起步的最佳时期。成功的路上，会有无数无法预料的挫折和失败，这些都是成就你进一步向前的动力；迷茫不可怕，可怕的是知道答案依然选择原地踏步。

不知道有没有人好奇：那些成功的人，他们的能力和格局是从哪里来的？我想一定有一部分先天因素，但更多的是他们通过后天的经历而磨炼出来的实力；是从一次次迷茫中汲取的营养，从一次次委屈中积累的能量，从那些被拒绝、被打倒的过程中总结的经验教训，然后升华出了自己强有力的信念，再次强化自己的梦想，并以此作为原动力，继续奋勇前行。

成功不是路边的鲜花，随处可取，想要有所成就，必须要有坚定的信念与强大的执行力，因为你需要用它们支撑你走过一段非常艰辛且漫长的道路。"成功"这两个字，不过是一个概念，是你对自己的一种期待，对自己追求的境界的一种描述。它并不是你努力的原动力，只有梦想和使命可以支撑你走下去，所以，迷茫不可怕，说明你对现状有不满，对未来有期待，说明你仍有梦想。

所有成功的人都很迷茫，甚至说，越优秀的人越迷茫。因为他们所追求的事情难度更高、范围更广、要求更严格。他们与其他人的区别是，能极为主动且坦然地去追梦。

特斯拉创始人马斯克，出生在贫穷的非洲，童年时期屡遭凌辱，父亲埃罗尔·马斯克是一个恶魔，他家暴、虐待妻儿，曾亲口承认，还掌掴幼年的马斯克。

马斯克小时候博览群书、过目不忘，被赞誉为"埃隆百科"，是大家眼里公认的天才。但因为他性格内向孤僻，所以在学校经常受到排挤，成为校园霸凌的受害者。创业时，他和弟弟一起建立的信息网站卖了3亿美元，马斯克分到巨款，成了开豪车、住别墅的大富豪。但他仍然很迷茫，因为他有一个梦想，就是"上天"，去太空种菜，于是他疯狂投钱造火箭。

结果火箭事业年年炸成了烟花，逼得他不得不变卖所有家产，导致精神崩溃。现在看他，已成为世界首富之一，事业的成功震惊所有人。这正如我们前面提到的，都是因为他敢于追逐自己的梦想，并达到了痴迷的境界，于是他才能把赚钱这件事做到极致。

有非凡志向，才有非凡成就，这个世界是由你的心而呈现的。马斯克代表了一类人，他们身上都有一股"上天入地，不成功誓不罢休"的气魄。

有一段时间，他疯狂变卖房产、私人飞机等资产，卖无可卖时，又四处联系朋友借钱，再难他也要造火箭。持续到 2008年，马斯克的火箭终于成功升空，正式开启了商业航天之路。

现在，SpaceX 公司成为全世界最大的商业卫星运营商，马斯克从中获得的利润无法估量。而他的下一个目标，是 2050 年前，让 100 万人移居火星。

结合马斯克的创业案例，我们来分析为什么当下很多人有梦想却迟迟没有动作？原因有三：第一、对自己想做的事没有大爱与极强的使命；第二、内心对成功没有那么急迫的野心；第三、对现有生活依赖性过强。很多人拥有比马云、刘强东、马化腾、雷军那个时代的人优秀太多的机会与平台，却为什么很少有人能做到他们那样的成绩？原因可能就在这三点中。

向所有成功的企业家、创业家学习，不仅要学习他们的技术，更要学习他们的思维，穷且益坚，不坠青云之志。处境越艰难，越是要坚定自己的凌云之志！

追梦，是驰骋于辽阔的塞外大漠上的骏马，在夕阳的金黄中，感受"长河落日圆"的恢宏；追梦，是置身于秀丽的江南小镇的屋舍，在绵绵的细雨中，体味"水村山郭酒旗风"的情调；追梦，是登临于高耸的五岳之顶的圣人，在高大的辉煌中，体会"一览众山小"的气魄。

为实现梦想而奋斗，勇做时代的弄潮儿。

"青年者，国之魂也。"作为国家的青年一代，身上背负着前所未有的使命和责任，无论是对自己的事业、家庭，还是社会，都要有所贡献。要怀有坚定的理想信念，让你心中的梦想指引人生方向，这决定了事业的成败。没有信仰地做事、没有梦想地过生活，就是意识上的弱者。中国梦是国家的梦、民族的梦，也是当下每一个年轻人的梦。

请心怀梦想，苦练本领，这是我及众多企业家对大家的叮嘱。你们要对未来有愿景，对自己有要求，要有对认知升级的紧迫感，要如饥似渴地学习与进步，才能在不断变化的社会环境中坐稳自己的位子。

第四节　当下的一切是上天给你最好的礼物

这个世界上有许多事情，你以为明天一定可以再继续做的；有很多人，你以为一定可以再见到面的。于是，在你暂时放下手或者暂时转过身的时候，你心中所想到的，只是明日又将重聚的希望。有时候，甚至连这种希望都感觉不到。因为，你以为日子既然这样一天天过来，当然也应该就这么一天天过去。昨天，今天，明天应该是没有什么不同的。但是，就会有那么一次，在你一放手、一转身的一刹那，有的事情就完全改变了；太阳落下去，而在它重新升起以前，有些人，就从此和你永别。

——席慕蓉

我选择引用席慕蓉的这段话，因为她把选择"等"这个心境描绘得非常贴切。有些人总是用"明天会更好"来安慰自己和他人，然而这样的期待，内心里是在表达自己对当下的不满，以及希望未来不会像当下一样不堪的期待。但是，又不太考虑如何解决当下的问题，反而去指望未来"一定会好"或"天上掉馅饼"般的运气，很讽刺，这算不算是一种"迷信"？

即使今天遇到多么美好的事情，不代表明天依旧如此，今天遇到的不堪与苦难，如果不努力改变，明天甚至不一定会来临。这是一种潜意识的经验主义以及某种"成功人士的盲目自信"。

就是由于这种过于局限在过去与未来的思维方式，让他们忽略了人生中最重要的元素——当下。因为，人总是容易执着于过去，抱着过去的成绩或是挫败，活在现在的世界里，同时为未来的自己做决定。过去的事情已经过去很久了，却依然可能在伤害我们；未来的世界还没来临，可是我们却经常幻想，幻想它的美好，或者顾虑它的未知，以及路途中会遇到的困难和荆棘。我们的意识总是游离于过去和未来之间，使我们忘记了当下的世界。人拥有的永远都只有当下。人生的全部经历都只在于当下每一刻的体验，除了当下此时此刻，人无法经历别的，无法活在过去与未来。

为什么我们要谈秉持童心的重要，因为孩子的世界是最干净且专注的，他们做事时可以百分之百专注地去做，玩小积木的时候，他可以不吃不喝坐在地毯上整整两个小时把它们拼成各种各样的形状，然后为自己鼓掌；带着小乌龟玩，他会翻遍玩具箱，拼出一个个小伙伴和"海底世界"，然后一遍一遍地带着小乌龟到处嬉戏，玩着玩着一转眼半天过去了；练习书法的时候，他每一笔每一画，都像用尽了全身力气，感觉整个精神都集中在他的笔尖……在做那些事情的时候，他不会记得自己是一个怎样的小孩；他也不会记得刚刚发生的不开心的事，他也不担心接下来会怎样。

"孩子"都是活在当下的人，而成人总是受困于焦虑的过去和迷茫的未来。

人们总在抱怨——生活为什么给我们迎头痛击，可是想来，他们似乎也并没有用心地生活，用心地珍惜与热爱。

人生仅有一次，稀里糊涂，虚度此生，未免太过可惜。每天一步一步、不懈努力、持之以恒、精益求精、极度认真才真正对得起自己的生命。因为只要这么做，能力就会得到成长、事业发展就能日渐提升，人生就能日臻完美。不论什么时候、什么场合、什么事情，一概以"极度"认真的态度面对"当下"，这样日积月累的坚持，就是你所创造出的人生价值。

人生的意义在于打磨自己强大和美好的心灵，为了给他人和社会做出更大的贡献，体现更高的个体价值。

无论是做企业还是创事业，本质上都有三个最常见的核心问题：第一，做什么？第二，如何做？第三，什么时间、地点与谁做？这三个关键点都与"当下"的能力直接关联。因为，一切战略分析的太极点，都源于当下——只有通过过往积累的经验和教训，客观、辩证地思考当下的问题；通过当下的情况并结合未来的发展趋势，预判风险与机遇，才能更全面地制定出正确的战略决定。过去的数据，未来的预判，都要服务于当下企业的实际情况以及企业家当下的实际需求。

　　浮躁的内心是这个时代带给我们的挑战，王阳明提出的"精一之功"，其中"精一"的一方面讲的就是专注于当下的专注力。想要具备这个能力，首先要"走心"，专注于"精"，养成把心沉淀下来做事的习惯。把握当下，热爱且坚定，感恩且上进，认真地过好今天，做好当下手中的业务，是成功的捷径。所谓梦想的力量，就是全力以赴地践行当下，专注于眼前的每一个瞬间，累积起来就能成就自己的事业。将自己的远大目标和理想注入心中，让它伴随你的生活与工作，用使命感和责任感监督你踏踏实实地走好眼下的每一步，每一天都极度认真，当作生命中的最后一天，不带遗憾地去过，这句看似简单且鸡汤的话，确是无数成功企业家的人生准则。

第五节　不留遗憾

俗话说：哀莫大于心死。人生最大的悲哀就是我们对一些人和事起初激情澎湃，信心满满，最后却内心满是遗憾，后悔当初，心灰意冷。

经过研究，人们整理出一份全球企业家的作息时间报告，报告发现越是优秀的人越努力，超过 500 名身家过亿的富豪，平均每天睡眠时间 6.6 个小时，其中三成亿万富豪日平均睡眠不足 6 个小时：

苹果前 CEO 乔布斯：每天 6 点多起床。

苹果 CEO 蒂姆·库克：每天早上 4 点半开始发邮件。

Square CEO 杰克·多西：每天 5 点半起床。

著名投资人杰夫·乔丹：早上 5 点到办公室。

思科前首席技术和战略官帕德马锡·沃里奥：每天 4 点半起床。

AOL CEO 蒂姆·阿姆斯特朗：每天 5 点起床。

富士施乐 CEO 尤素拉·布恩斯：每天 5 点 1 刻起床。

爱立信 CEO 卫翰思：很少在 8 点以后踏进办公室，很早就起床。

沃达丰 CEO 维迪诺·克劳：每天早上 6 点起床。

马云宣布退休计划的那天，是他的生日。那天，没有家人也没有孩子的陪伴，而是在前往俄罗斯的飞机上度过了自己的 54 岁生日。

飞机落地之后，马云直奔论坛，与普京洽谈阿里未来的投资与合作项目。

还有一点可能很多人不知道，在 2018 年，马云的飞行时长已经超过 1000 个小时，这个飞行数值接近一个专业飞行员一年的工作上限。

他曾经在一天的时间里会见了 4 个国家的最高领导人，一个月 30 天有 26 天在路上。外界很多人调侃说，马云堪比外交官，他的朋友圈里不是总统就是首相，风光无限。

事实上，人们只看到了他光鲜亮丽的一面，这些身家过千亿的老板，仍在一线跑单，在忙着给企业找资源、谈合作、拉业务，这才是成功背后最大的真相。

如今，我国的支付宝已经成功进入全球 50 多个国家，无论这其中是大国还是小国，背后靠的是创始人的奔波与努力，靠的是阿里最拼命也最顶级的"销售"，一个一个谈下来的。

马云当年说："我不是为了跟总统握手而握手，而是要为 5 年后的事业做准备。很多公司在做今天的生意，阿里要做未来 5~10 年的生意。"

他当年飞去卢森堡拜访首相贝泰尔，为的是谈下在当地使用蚂蚁信用签证的第一个国家大单。

他又飞到土耳其，和其总统埃尔多安见面，为的是给阿里巴巴在土耳其的业务铺路。他曾经在一个白色的小圆桌旁边，鼓动法国总统马克龙，把法国拉菲红酒、LV 等各种品牌请进天猫，最后天猫基本上把整条香榭丽舍大街都给"搬"过来了。

但是，在马克龙还不是总统的时候，马云就已经开始维护关系了。

很多人说：你都这样了，为什么还这么拼命？

马云给出的理由很直接："只有更加努力工作才能创造出更好的生活。如果不去努力工作，那么公司就会关闭，自己也会失业。我也怕失业。"

成功企业家，几乎都有着常人无法想象的勤奋和自律，每一天都如履薄冰、小心翼翼地前行。成就越大，背后需要付出的努力就越多，而努力的背后，往往是使命在驱动。即便快退休了，马云当时仍然还在为"让天下没有难做的生意"东奔西跑。

很多员工，像阿里、华为这样的企业的员工，大可以离开现在的平台去外面的公司，工资可以翻两倍、三倍，名片上的抬头瞬间可以变成 VP、CEO……或是凭借自己的资源自己创业。为什么 8 万多的阿里人还在坚守？为什么在大家都抱怨 996 不合理的情况下，华为人的努力和勤奋却没有形成很大的舆论或负面影响？

现任阿里 CEO 张勇总结了一句话，恐怕也是最好的答案——因为大家都有梦想，不然谁愿意那么累呢？

他们选择一份工作的前提，是对工作的热爱，也是对自己初心的使然。在技术创造突飞猛进的今天，我们仍然年复一年去歌颂勤奋，正是因为它不仅是取得成功的条件之一，也是我们每个人应该对自己人生的担当，对生命中的一切都不留遗憾地全力以赴。

做到不留遗憾，也许不值钱，但却很值得。一个人无论做什么事，都要尽自己最大的努力，在自己的工作中找到意义。人最大的悲哀，莫过于英雄落幕，美人迟暮，在应该努力的时期选择了安逸，回头再看追悔莫及。马化腾说："苦不是人怕的东西，人只怕没事儿干。你也许败，你也许胜，但是你总要有一个地方可以去争取。要有战场，要有能胜利的地方。"

哪一种伟大，不是一寸、一寸地前进？

哪一种成功，不是一日、一日地努力？

越成功的人越容易陷入迷茫，因为需要驾驭的局面越来越大，那么越成功越累，这到底有什么意义？努力的意义又在哪里？

每个人心中都有上千种答案。

2022 年，1078 万名高三学生奔赴高考战场，近 40 万人获得超过 600 分的成绩，不负人生修行一场。

360 多万美团商家、280 万外卖小哥 2021 年累计送达 144 亿笔外卖订单。

4000 万的环卫工人，在每天凌晨 4 点的时候，准时出现在全国 700 多个城市街头。

京东快递员黄少波，2018 年平均每个月揽件量 3 万件，更是在 2019 年春节期间，一个月一个人狂揽 13 万件，是京东有史以来最厉害的快递员工。

2018 年，饿了么骑手刘务桂累计跑了 63221 公里，相当于绕行地球赤道 1.5 圈。

2022 年更有超过 1000 万应届毕业生，他们找到了人生中的第一份工作，赚到了第一桶金。

这个世界上，总有这样庞大的一群人，他们对未来充满乐观美好的期望，对自己的人生积极地争取，如此勤奋，如此吃苦，如此拼搏，不甘让自己宝贵的生命留有遗憾。

努力的意义和生命的价值，从来没有标准答案，只有你心中的那份梦想和追求才能定义自己努力的价值与意义。一寸光阴一寸金，寸金难买寸光阴，人生一去不复返，人生如酒，岁月如歌，面对这样美丽的生命岁月，且行且珍惜！

第三章 改变观念，改变人生

第一节 你的认知，就是你的瓶颈

你的认知，是你永远不可逾越的天花板。

夏虫不可语冰，受制于时间上的局限。

井蛙不可语海，受制于空间上的局限。

凡夫不可语道，受制于认知上的局限。

庄子的《秋水》篇：井蛙不可以语于海者，拘于虚也；夏虫不可以语于冰者，笃于时也；曲士不可以语于道者，束于教也。

毋庸置疑，企业家的认知会成为企业的瓶颈。

1994 年，感受到危机的史玉柱提出了公司的多元化扩张之路。这时的史玉柱，觉得自己无所不能。

在珠海站稳脚跟后，史玉柱想建一座办公大楼，定名为"巨人大厦"。这时正值房地产的繁荣期。听说史玉柱要盖楼后，当时一位领导问他为何不盖高一点。随后，史玉柱决定将楼层加盖到54层。但是，当广州要盖63层的中国最高楼的消息传来后，史玉柱决定为珠海争光，继续加盖，最后定在了70层。

不过，由于地质勘测不到位，这栋楼建在了三层断裂带上，光地基一项就追加了1亿元，并延误了工期。原本2亿元的投资也随着楼层的增加飞涨到12亿元。为了解决这12亿元资金的来源问题，史玉柱开始卖"楼花"，也就是期货楼。

与此同时，集团的管理出现严重问题，进一步加重了危机。1997年，一系列不成功的产品和斥巨资修建大厦的举动拖垮了"巨人"。

回忆起这段时光，史玉柱说："我以为自己啥事都能做成，因为创业开始的这几年，我自己想做啥都能做成。但在当时的环境下就开始走多元化道路，这是一条不归路。"

巨人为什么会倒？表面上看是被巨人大厦拖垮的，实际上是史玉柱的认知和团队的不成熟导致的。

人的认知是他永远无法逾越的上限，只有不断地打破认知盲区，提升认知维度，才是成功的最快路径。

《中庸》中记载："人皆曰'予知'，驱而纳诸罟擭陷阱之中，而莫之知辟也。"意思是说，孔子认为人总觉得自己什么都知道，人人都说自己很聪明，被驱赶到陷阱中而不自知，也不知道提前躲避。

孟子当年多次向战国时期的各个君王推荐王道仁政的战略，但是当时的各国君王都不认为这是一条明智之路，魏王、齐王更是听不懂，不是语言不通，而是认知不同。他们只看到眼前的小利，看不到万世春秋背后的大利。所以，各国君王就被苏秦、张仪等人玩弄于股掌之间，成功地变成了别人手中的棋子。"人皆曰予知，驱而纳诸罟擭陷阱之中，而莫之知辟也。"人们都习惯说：我知道，我知道，但当别人设下陷阱，他们还不知所以地往里钻。

君王们不是没有才华和实力，是认知和眼界没有达到孟子的水平。他们不懂得选择走那条"麻烦又困难"的大道，看似很难，远方却是一片光明；反之，他们选择的道路表面看似平坦，却随处有隐患，哪里有坑往哪里走，是因为那边显得更诱人一些。于是，就连孟子这样的圣人都拿他们没有办法。这个不光是战略思维问题，更多的是孟子提出的观点与苏秦和张仪的价值观、世界观上有本质的区别，用现代语言来解释孟子当年的理念就是：我们强大自身是为了救济天下苍生，而非换取自己的富贵，我专心做我擅长的事，你接受，咱们合作；不接受，我继续做我自己的事，也不要你的财富。但是苏秦、张仪的认知是，人努力做事就是为了财富，一切以"市场为导向，客户需求为核心"，需要什么，我提供什么，随时随地，随需而变。

后来商鞅跟秦孝公谈治国之道，也是如此，讲帝王之术，秦孝公没兴趣，觉得太慢了，建立大业需要几代人的时间，他等不了，自己要迅速称王称帝，所以商鞅改而跟他谈"霸道"，他才感兴趣。后来，秦孝公也为自己浅陋的认知而买单，他认为的帝王之术太慢，他的强国之道也并不快。从秦孝公到秦始皇，经历七代人只保天下一百多年。可见由于认知局限错误地选择了短期利益，放弃了长期利益，这也是一种认知障碍。

第二节　有种法力，叫作你的经历

所谓的法力，不过是你做事时运用的方法和力量，简称法力，我这里谈的法力与任何宗教无关。

大其心，则能体天下之物，物有未体，则心为有外。

——张载

法力 = 方法 + 力量。

众所周知，一个人如何高明地解决问题，决定了他人生的高度，这考验他对事件是否有相对完整的认知，做事时能否使用正确的方法，并且全力以赴，极致地做事，这些全部结合到一起，展现了这个人的整体实力，以及处理事情时的"方法 + 力量"。全面地透析事物本质，使用最恰当的方式，并且运用高效的方式输出自身能力，这个"法力"需要通过生活中的一次次经历铸造。

我一再与身边人说，不要盲目地仰视那些所谓成功的人，要客观地分析和理解他们成功的原因，然后借鉴学习即可。他们只是摔的跟头多了些，吃的亏多了些；与常人不同的是，他们通过这些失败经历和深度思考，不断锤炼出自己的认知体系与强大的"法力"，并且锲而不舍地努力，最后呈现出过人的成就；他们拥有比常人更丰富的方法论和执行力，他们通过努力和经历，提升了自己的视野和认知，延伸出更多的综合实力。

那些披荆斩棘的经历，使他们对特定领域的事物更加了解，更加善于发现本质规律，具备更优秀的思维方式，可以更好地调控事物。而这些，在外人看来，他们仿佛是"神"一样的存在，"法力"高深莫测，其实不过是他们做事用心、认真、孜孜不倦、修身自律，以及经历风雨后的必然结果。

因为，只有亲身经历过，才会有刻骨铭心的记忆，才能有深入骨髓的感悟。司马迁的《史记》被鲁迅先生尊为"史家之绝唱"，他把历史人物和历史事件写得如此有声有色、栩栩如生，很大程度上得益于他 19 岁时的全国大游历。

游淮阴他追踪韩信早年的足迹；访齐鲁他瞻仰孔庙，观察儒风习俗；到彭城，他听取汉高祖刘邦的传说故事；达大梁，他凭吊信陵君窃符救赵故事中的著名的夷门……可以说司马迁是因为青年时的"行万里路"的亲身经历，才著出了不朽的史书。

宋代诗人陆游在教他儿子写诗时说：若果欲学诗，功夫在诗外。是在告诉他儿子要注意深入现实，体验生活，收集素材，因为能力是从经历实践中锤炼出来的。

在人类社会中，人们需要不断地学习实践来塑造属于人类自己各自认知能力的方式。虽然这种学习实践，再学习、再实践的方法和步骤有时会重叠，有时会同步进行，但大体的程序步骤应该是相通的。比如，我们先通过学习思考，不断完善自己的相关知识，然后在此基础上分清哪些是自己当下需要的有效知识和技能，哪些是次要的有效知识和技能，并将急需的有效知识技能挑选出来，再结合实际交流、实践，提升有效知识技能的层次，将信息知识转化为适合自身条件的知识技能，进一步打造成认知体系，甚至是智慧。

纸上得来终觉浅，绝知此事要躬行。生活的磕磕绊绊是一笔宝贵的精神财富，要去经历、去体会、去感悟。实践是检验真理的唯一标准，不管通过什么途径学到的理论知识只有学以致用、知行合一才会发挥它的实际意义，只有实践才能出真知。

人的成长是一步一个脚印走出来的，脚踏实地地去践行，最终呈现的结果才有说服力。吾日三省吾身，是在真真切切的自律、自强的基础上做到的。对自己高标准、严要求，自我反醒，自我监察，才不至于使自己偏离初心轨道。

换位思考、改变认知是提升自己的有效手段。

你的世界观是由你的"世面"决定的，"世面"就是你接触过这个世界的那些面；求学、工作、生活、家庭等阅历、经历是在为你的人生补充素材，也是完善自我的过程。用心生活与工作，感悟一次次成功与失败、这一路上的人与事，都是历练你

"法力"的资源。而我们谈的活在当下，极致力量，不过也是从不同角度和层面论证这个道理。

每个人都有自己的理想、志向，一切经历和体验都是帮助我们成功的火焰。历练的目的不是单纯地受罪，而是为了提醒我们随时随地去检验，去自我修正、调整，修身律己，时刻摆正自己的心态。

人情阅尽彤云厚，事事经过蜀道平。

请认真地、热爱地去生活，因为这本身就是人生最大的修行，当我们用心去经历，去正视过程，真正地接受和接纳这个世界，用心感知和思考时，才能更透彻地看清自己。到最后便会发现，无论是那些行业大佬还是企业家，他们的经历成就了他们的"法力"与人格。经历过繁华，人生就会变得厚重，遇见过世界，格局才能变得开阔，生活过的这些最终都将成为你的世界中无敌的"法力"。

第三节　做事要竭尽全力

大家都说尽人事，听天命，但是，你真正"尽"力了吗？

其实有很多人在这个问题上没有看明白，没有想清楚，总是觉得自己很努力，甚至假装很尽力，然后没有达成目标，最终却埋怨命运不公，天道不仁，堕入"怨天尤人"的深渊。也许是努力的程度还不够，又或者方法不对、火候未到，也说不定。甚至有人仰天一声长叹"时也命也"，便将自己摆在"听天命"的位置上了。其实"尽人事，听天命"是有先后顺序的，前提是你要尽人事，真正做到了竭尽全力，实在没有其他行得通的办法和路径了，才会有了听天命，只能看自己的运气如何了。

"听天命"，很简单的三个字，然而其中的含义却并不简单。我一直坚持这样一个观点，那就是人可以"知命、信命，但不能认命"，听天命，这句话里多少有几分认命的含义。正确的做法是，首先要"知天命"——知道上天给自己的使命；然后再"尽人事"，如果方式方法得当，内心坚定，努力补拙，就一定可以改变命运！所以，与其说"听"天命，我更喜欢"知天命"蕴含的个人的力量感。

我们之前也谈过，如果你没有用尽全力，可能是还没有极度的渴望。只有极度地渴望成功，才能把自己逼到极致。而极致地做事本身就是对自己最大的投资，让自己有一股奋不顾身的斗志和魄力，这是成功之路上一项必不可少的能力。

世界上没有什么事是做不到的，只有不想做的。大部分人也都是给自己的假装很努力找一个借口。但讽刺的是，越富有的人，越没有这个习惯，在他们的意识里，只要想做就没有不可能，关键在于动力的大小。

如果你想要，那就去追求，怕失败，不能作为借口。如果是能力不足那么就去培养，培养充分以后再来挑战，就是如此简单。

国外社交媒体上，有这样一个帖子：我怎样才能成为像比尔·盖茨、史蒂芬·乔布斯、伊隆·马斯克、理查德·布兰森一样伟大的人物？

马斯克的前妻这样回答："成功可能跟你认为的'成功'是不一样的，你不必成为像理查德或者伊隆那样的人，也能过上富裕和优质的生活。所以，成功与财富水平没有直接关系。他们之所以被人视为'成功人士'，是因为他们的思维方式不同于常人，他们总能以全新的角度看待事物，找到具有洞见的创意。同时，人们常常认为他们是疯子，做出的决定逻辑如此简单。"

是的，成功的人，往往有一种"傻子"般的简单与执着。

创建华为后，在决定进军通信行业时，华为是被逼着往前冲的。通信是一个竞争残酷的行业，世界上任何电信公司不是发展，就是灭亡，没有第三条路可走。华为同样如此，没有退路，要生存，就得发展。

创业初期，华为每个员工的桌子底下都放有一张垫子，就像部队的行军床。除了供午休之外，更多是为了员工晚上加班加点工作时睡觉用。这种做法后来被华为人称作"垫子文化"。

华为最早的办公地点是在深圳湾畔的两间简易房。众所周知，华为是互联网行业中一个加班文化最浓厚的公司，任正非一天的工作时间也在 15~20 个小时。那些身强力壮的年轻人，不努力，光想躺在床上数钱，可能吗？只有竭尽全力地努力和争取才能生存下去。

任正非的意思是："只有偏执狂才能生存下去，企业壮大需要豁得出去。"

人生也和工作一样，很多时候忽略了最后的 1% 的全力以赴，前面做的一切也有可能前功尽弃。要让自己的努力开花结果，必须始终全力以赴。梦想虽然很重要，但是没有努力也是空谈，理想也需要脚踏实地做事才能实现。

　　在我们的日常工作中，很多时候必须要做许多看起来简单乏味的事。很多人总是抱怨自己的梦想和现实之间的差距太大了，可是，在任何领域，在取得卓越的成绩之前，都必须要经历积累这个阶段，所有的事情都是在磨炼你的专注力、思维力，以及做事能否用心的能力。请不要忘记，一切顶尖的事业都不是瞬间实现的，也不存在什么捷径，如果说有捷径，那就是——靠脚踏实地的努力和一步一步的积累。

第四节　赚钱的前提条件

赚钱的前提条件——学会如何做人，懂得如何做事。

《道德经》曰："天长地久。天地所以能长且久者，以其不自生，故能长生。是以圣人后其身而身先，外其身而身存。非以其无私邪？故能成其私。"

《列子》载："子知持后，则可言持身矣。"都表达了类似的意思，那就是说立身处世是一切成功的前提。一个人能做到谦卑无私、成就他人、严于律己，这本身也是一种自我成就。

美国钢铁大王卡耐基曾经提出过类似的观念："做人、做事一定要保持足够的谦虚谨慎，不然的话现在有 12 个人可以胜任这个职位，我相信他们当中一定会有人干得比你出色，所以，千万不要自以为是。"

这句话说出了一个商业的底层逻辑，即便放到今天也同样适用——价值交换。说得通俗一点儿就是，人首先要清楚自身价值的高低，是否有交换价值的条件。保持谨慎、学习、进步，能迅速加大自己的价值体现，这样才能换取更多资源，从而达到利益最大化。

能赚钱的前提，一定是因为你值钱。而值钱，可以体现在很多方面，其中一个就是你能否为对方带来价值与贡献。看那些创业成功的人，雷军、丁磊、马化腾……他们在创业时几乎没有把赚钱当作主要目标，而是专注在如何把事情做好，把为人处世放在第一位。只有价值创造，才能奠定可持续发展的基础。对一些不能创造价值的活动，不要寄予过高的期望，甚至我认为可以忽视它们。比如说炒股，这并不是一个创造价值的事，起码不是我们企业家主要的任务所在。

所谓的创造价值，是要能实际解决社会问题和市场需求，只有如此企业盈利才有基础，企业发展才有可持续性。

我经常跟身边的经营者说："如果你的出现不能给对方带来价值，请你不要出来丢人现眼。"看似严苛的一句话，其实是为了让他们时刻谨记两点：第一，时刻记住要提升自身价值；第二，一定要让自己的价值高质量地输出。

那么，如何衡量一个人是否高质量地输出了价值呢？我把它分为以下三个方面：

第一，你的出现是否让对方心情愉悦；你的言语是否让对方如沐春风。你的口才、颜值、仪态举止等各个方面，都能使对方感觉与你在一起很愉悦，这是从精神层面为对方提供了有品质的相处价值。

第二，你是否可以为对方带来利益价值，这个不难理解，你可以为对方提供机会、金钱、资源、信息、合作、帮助等，这些都是有效价值的输出。

第三，你是否为对方的精神世界带来了一定的提升；是否可以为团队以及身边的人指点迷津、答疑解惑；在与你相处的时间里，是否可以使对方的精神世界或意识思维上有所收获和提升。

只要满足以上三点中的任意一点，都算是有效价值输出，换句话说，你暂时具备了可以谈交换价值的条件。

无论是企业还是个人，价值的输出高低绝对是决定其成功与否的关键因素。而我们要做的就是不断地提升自己的价值维度和深度，全方位提升企业的社会属性价值、人文属性价值，从而给我们的消费者和国家带来更多的贡献。

自我价值的实现是现代社会中每个人追求的成长标准，而普遍来说实现自我价值其实是一件很困难的事情，要花大量的时间去耕耘，去自我提升，突破固有思维，时刻自省自律，这就需要你做很多工作，尤其需要在不断提高自己认知和学习能力的基础上，不断积累实战经验。

最后，无论是做企业还是做事业，想要赚钱都需要遵守这个前提，一定要放下短期利益与荣誉对个人的诱惑，先重点投资自己，让自己变得值钱，不断提升自身的综合实力和修养，让自己在最短的时间内具备"毁灭性"的竞争优势，然后，通过高效的价值输入，让对方因为你的出现而有所收获，到了那时，你的财富自然会如约而至。

第五节 随和低调是一种被低估的智慧

谦谦君子，卑以自牧也。再伟大的人，尽管功成名就，也往往保持一颗谦卑之心；越懂得以谦卑之心修炼自己的人，越容易获得成功，越能从平凡走向不凡。

礼之用，和为贵。

——《论语》

做人随和，是一种素质，一种文化，更是一种心态。很多人会把"随和"与"太好说话"画上等号，其实随和并不是没有原则。随和的人，首先是极为聪明的人，他们以睿智的目光洞察了世界；面对急事、难事时，泰山崩于前而色不变，考虑周全后才付诸行动。

在这个急躁的社会中，我们每天都会遇到很多不尽如人意的情况，各种诱惑、情绪失控等，这些都极为考验一个人的心力。随和的人，都是谦虚的人，他始终明白"尺有所短，寸有所长"的道理；随和的人，是宽宏大量的人，在人与人之间发生摩擦时，在坚持原则的基础上，他能够以谦和的态度对待对方；随和的人，是没有贪欲的人，他可以很好地控制自己的世俗欲望……

我们都知道，水，润下，即使往低处流淌也可汇集江河湖海之力；"卑以自牧"就是以谦卑自守，以谦卑的姿态守住低处。谦卑是对万事万物怀一颗敬畏之心，这份敬畏源自敬重。"谦者，德之柄也。"因为谦虚才能执德，骄傲则必失德。谦卑之心教导人要谦虚，唯有谦虚才能受到尊崇，而光明其德。

所以，企业家、富豪们，请记住不管你们曾经拥有什么样的成绩，坐拥了多少资产，收获了多少名誉，那都是过去完成式，要活在当下，那些不过是极为渺小的"成功"瞬间，并不能代表现在的你或是未来的你可以做到同样的优秀。

要时刻怀有谦卑之心，让自己的心沉下来、认认真真地做好自己的价值输出，负责地做好自己的分内之事。

谦卑精神，不仅是我对企业家和创业者，更是对有梦想的年青一代人才的关键性要求，是对每一位想要做出一番事业的人才的叮嘱。一个人的成就，与财富并无直接关系。一个人只有德行越高，成就才会越大，人品也会越来越高贵。如果处处只看到对方的缺点，那只会自找烦恼。不要做那个高傲的人，拿过去的船票去登明天的渡轮。相反，如果你能处处低调处世、谦卑随和，善于看到别人身上的长处，看到自己的短板，这样，不仅自己非常容易获得进步与提升，还能更容易得到别人的尊重和支持，我相信，这样也更容易获取成功。

谦卑，与卑微无关，它是一种品德，是一个人的德、行；是可以接纳不同声音的底气和自我反省的能力。

因为，大多数人不管在什么状态下，内心深处都是自卑的。人对成功的追求其实就是希望通过成功来消除内心的自卑感。但在这个过程中，有些人因为不断地遭遇挫败而变得极度自卑，然后可能形成"自卑情结"，更加固执己见；也有一些人向另一个方向发展，由于对成功秉持的信念，便全力以赴地追求而获得底气十足的毅力。这种毅力，不仅仅来自对成功的执着，更是生出了超出物质和名誉层面的某种精神追求。

华人首富李嘉诚一直保持着谦逊的态度，他虽拥有显赫的地位却从不颐指气使、不可一世，依然却保持着低调、平和的心态，不论对什么人，总是态度和善。

一次，一位企业家慕名前去拜见李嘉诚，向他"取经"。李嘉诚和儿子热情地接见了他。令他感慨的是，李嘉诚的儿子说着说着，无意识地就讲起了英语，考虑到这名企业家可能听不太懂，李嘉诚要求儿子讲普通话。

会谈结束之后，李嘉诚还特意从办公室出来送他到电梯口。最让他惊叹的是，李嘉诚不是送到即走，而是毕恭毕敬地鞠躬，直到电梯门合上。一迎一送，这看似微不足道的两个细节，却彰显了李嘉诚做人、做事的谦卑和细致。

这样的谦卑之心，做到的不仅仅只有李嘉诚，几乎已成为所有大成之人必备的品质，谦卑，不仅成就了他们的事业，也使他们的人格更加高贵。

谦卑不是装模作样，不是礼貌应付，更不是低人一等，不是一味地卑微，也不是与世无争地躺平，而是一种对心灵的磨炼。人往往会在取得一定成绩、事业有所成就、地位上升、年收入增加之后忘记了谦卑，变得傲慢，变得容易满足。这时，谦卑的精神格外重要，因为当你需要向前行，还需要进步，甚至是保持现状时，谦卑之心必不可缺。金钱和权势很多时候会让人变得骄矜自大，失去底线，常常不自知地表现出高人一等的姿态，这样的心态不可能守住财富，更不用提有所提升了。

善胜者，善败。这是一种以退为进的攻伐之术，是一种不争而获的伟大智慧。综观那些大大小小的成功者，我们不难发现，谦卑低调正是他们做人做事的哲学。

人有多谦卑，就有多高贵。人誉我谦，又增一美，自夸自败，又增一毁；谦卑，是一种为人处世的态度、一种人格的修为，更是一种充满大智慧的境界。无数的伟人和名人给我们做出了榜样，展示了谦卑的力量。修身，克己，自省，谦卑，是成功的人一生都要修炼的大智慧。

第六节 最难得的是知行合一

顶尖高手，都懂得知行合一。

首先，我们来定义什么是知行合一。从字面来分析，何为"知"？是知到，还是知道？这一点非常重要。到，即到达之意，属于对事物的了解，停留在表面层次；道，则是通晓了事物本质及其运作规律。

平日，人们常说的"知道了，知道了"其实绝大部分情况是停留在知"到"了的水平，对事物表现形式有部分了解，但不意味着通晓它的所有面，顶多算是了解个大概。

知，要知得精通，就要对一件事从核心、原理、本质、表象，都明明白白地通晓，才算得上知道。因为，只有如此，才能算是对事物有全面的认知，在面对问题时才能做出正确的决策。而知其"道"，并不容易，需要通过不断的学习、思考与积累，才能明白一个事件的原理及规律，千万不可停留在事物表面现象做决策。所以，想要做到知行合一，首先要让自己知得通透，知得全面，通达根本，知得精准，不能凑合。

然后，再来谈"行"，行——用来达成目标的执行方法和手段。"行"得好坏，取决于你选择的执行方式是否符合事件的客观发展规律，是否适合事件的发展需求，是否真的有利于你释放能力与价值等。"行"的选择和执行的能力，要建立在"真知"的基础上。所以，总结来说，你成功的概率，取决于你对事物的认知和了解程度，以及选择执行方法的正确性。

我们打个比方：当你饿了，第一反应就是要吃东西，这是从"知"到"行"过程的瞬间演绎。然后，每个人的"知"，影响他对"行"的判断，比如，是选择点外卖炸鸡，还是自己做饭，这两个选择虽然都可以满足当下"饿"的需求，但是却有不同的影响。

所以，在"行"的选择上，基本有两个思路：

1. 是否解决当下的问题。

2. 是否解决未来的问题。

在吃东西这个问题上，聪明的人不会饥不择食，他们的选择不仅要解决当下的问题，同时也要解决未来的问题。这是他们对"吃"这件事情，"知"得究竟和通透后，才会做出的选择。

因为，如果当他的决定没有解决未来的问题时，这个选择很可能会有雷，比如：吃了生冷的食品，吃得解馋但却是油炸垃圾食品。这些都是为了当下的爽，并没有兼顾未来对身体带来的隐患。所以，当我们谈知行合一时，前提是当事人是否真

"知"。

知道事物原理的人，因为看到了本质，所以能完整地分析，考虑到当下与未来，考虑到更长期的利益，对于每个选择的了解都有一定的深度和认知，于是才能产生更正确的执行方案。所以，你知行合一的成功率，取决于你对事物的了解和认知程度。但是即便如此，也不能确定一个人可以很好地知行合一，因为，一个普遍现象——知道，不一定做得到。

这背后藏着极致的自律，自律能力不够，是"知"的不深刻。"假如我当初……我一定不会这么懒。""如果我当时……现在一定也……"这样的话我们听得太多了，但是为什么很多人还会经常悔不当初，会犯各种错误呢？答案就是他以为他知道，但是事物带给我们的影响远远超过我们的想象，每一件事都有它的价值和使命，一个决策的代价以及可能造成的链锁反应，如果没有高维的认知和自控力很难做到知行合一。所以，知道做不到，是认知的不通透、不究竟，当时的瞬间并没有考虑周全，抱有侥幸心态、投机心理……试问他真的有能力承受严重的后果吗？

为什么说，世界上的顶级企业家都是"知行合一"的高手呢？因为他们不仅具备对事物透彻的认知和思维方式，拥有正确的决策能力，更具备高度自律的自控力和自我约束力。这也不稀奇，因为他们败不起，一次懒惰、放纵、失误的代价，很多时候并不是金钱可以解决的。大家都羡慕富人，想做老板，羡慕那些企业家，但是又有多少人真的能像他们那样，可以做到为人处世时的小心翼翼，如履薄冰，严格执行，全力以赴，更不敢有一丝懈怠？这也是成功人与一般人的分别。

第四章　提升自己的价值

第一节　摆脱"小我"的枷锁

我们每个人最害怕的事情就是"得罪"自己。人有的时候太"珍爱"自己了，不但一点点的小苦难和小失败都不愿意去尝试，更是希望全天下都能为自己的享受提供便利。这就是人之欲念的无限制性。

佛家有这么一句话：为他人，便是圆满。人生从某种程度上可简单地划分为两种境界：一是"大我"境界，二是"小我"境界。

"小我"的境界可以简单解释为我们大部分普通人的境界，就是人所有的思维方式和判断标准都是从自己的视角或利益角度出发，为了满足自己的私心和需求。"大我"的视角更多的时候是能满足他人，可以理解为，无论自己的境遇如何，都有一份成全别人，从大局出发，发自内心的谦卑和包容。大我意识强的人，总是想着让自己的光亮为别人照亮道路，让自己为对方带来价值。当一个人拥有"大我"境界时，就会逐渐脱离"小我"带来的痛苦，幸福和财富也会由此而来。

舍弃小我，是我与身边那些成功的企业家对在奋进中的人才的一份深深的叮嘱，希望你们不要被自我私欲、私念控制，终其一生都无法感觉到付出的美好、接纳的喜悦与放下的释然，也体会不到通过自己内心的力量走出困境时的那份自豪与骄傲。想要成功，这是必须要练出来的能力，也是使你摆脱贫穷的必杀技。

我们每个人心中都住着一个"小恶魔"，它是"贪痴嗔慢疑"的化身，它无时无刻不在加工着我们的思维和想法，自动过滤着我们的记忆和感知。贪，是对喜好过度偏执；痴，是对不了解的事物不予理会；嗔，是对非议无法释怀；慢，是内心的高傲与自满；疑，是对实事实理有怀疑心。放下小我，就是试着在生活和工作中摆脱"小恶魔"对你潜意识的影响，用无格局的心，做有格局的事。

《道德经》中也说过这样的道理：外在的形形色色会勾起人们的欲望，人们会因此产生得失之心。一旦自己的欲望没有得到满足，自己就会因此而痛苦。而如果能将心思放在大我上，则不会被这种痛苦缠身。因为大我境界的人不会去计较自己的个人私利，能站在多数人的角度去求得成全。这样，他看待世界的角度就会扩大，格局自然也会变大。

人的一生都在为自己的小我意识买单。

绝大部分人被囚禁在自己的意识里而不自知，人的恐惧、骄傲、自卑等都是一道道无形的意识枷锁。人不断地思考自己，从自己的角度为出发点考虑问题，我是谁、我的利益、我要如何……导致内心、行为、言谈都过度沉浸在自我的世界，只是从自身角度去分析，去认知这个世界。

"小我"思维过重是一种对自己个人价值不健康的判断。人们常说我们需要自信。自信，确实可以让我们相信自己是有价值的，对这个世界是有意义的，而且因为自信我们有可能做到我们想要做的事情。但是，过度的自信可能会变成自我赋权。

有强烈"小我意识"的人就好像一个巨婴——它存在于我们每一个人的内心深处；有这种倾向的人往往会把自己的标准强加在别人身上。而高手都是有意识地控制自己的"小我意识"的出现，去正视自己的无知，低调做事，谦卑做人，空杯心态，于是他们可以飞速地成长。

张宗子在《空杯》中写道："人生如茶，空杯以对。"空，是生命从容若定的时刻。缘于空，少了许多挂碍，遮蔽的本质开始进入澄明；缘于空，自我的宁静得以去观照社会和世界；缘于空，人生的大起大落荣辱成败都会付诸沧海一笑。

空杯之空，在于有、无之间的相容。一只杯子，注满水以前是空的，将水倒掉后，仍然是空的。一只杯子的容纳量也是有限的，杯子盛满了，但是外界还有更多美好的东西，想要注入更多的东西，只有把杯子里的东西倒空一些，才能放入更多。

人一定要有自觉，自觉自己的斤两和位置，没有什么是理所应当，所有的舒适都是身边的人通过努力帮你铺平的道路，因此要心怀感恩，也要不断追求自我突破，要有自己的付出，不能让自己沉浸在过去的成绩中。同时，世上没有一件事是一劳永逸、一成不变的，今天的工作，也许到了明天就需要重新开始，我们要让自己不断地进取与争取，积累和沉淀，不求一步登天，只为在风浪来临之时，站得更稳更久一些。

执念像一道带刺的高墙，禁锢我们的智慧，阻断我们与外界事物的共鸣与连接的潜力，它会自我过滤或是阻断外界的有益信息，仿佛自我筛选的杀毒软件，为了保护自己的主观意识而编程的防"病毒"系统。

看过一则颇富哲理的小故事：

一位学者向禅师问禅。学者喋喋不休，禅师默默无语，只是以茶相待，茶水不断地溢出杯子，流到桌面上。

禅师依然往杯子里注入茶水。学者终于忍不住了，说："茶水已经溢出来了，不要再倒了。""你就像这只杯子。"禅师说，

"里面装满了自己的想法与看法。你不倒空你的杯子，叫我怎么跟你讲禅？"

旧茶不去，新茶无法注入。这是禅宗的洒脱；旧茶之曾经存在，岂能遗忘？这是凡人的执着。每个人的心就像这个茶杯，装满了自以为重要的东西，便再难装入更多的东西，自然也就谈不上超越和进步。

空，不一定是失去，反而是另一种更宽阔的拥有。因为，它不是毫无思想的随波逐流，也不是知难而退的消极无为，这里面有"宠辱不惊，闲看庭前花开花谢"的从容，更有"蓬舟吹取三山去"的旷达，中流容与，前瞻后顾，每一次倒空，都是接纳的开始；每一次接纳，都是更丰盈的充实。

一个人，空得越多，胸怀和视野越广阔。无所充塞，无所怨尤，无所偏执，才有可能静享生命的清朗和恬然。人生如茶，空杯以待。谁又能说这不是一种极致的美丽？

联想集团董事长杨元庆的检讨书是"归零"，因为归零，他才能正视自己，发现自身的不足，勇于面对自己的错误，"倒空"过去的优势，才能创造新的优势。

平安保险公司董事长兼总经理马明哲所倡导的"每一天都是一个原点，每一次工作都应从零开始，每一天都应以一种崭新的心态去学习新东西"是"归零"，因为将昨天的成绩抹掉，才能用更平和的心态去面对新的挑战，才会不骄不躁。

海尔总裁张瑞敏在海尔冰箱获得全国电冰箱评比中最高分之际举办的"挑刺会"是"归零"，因为只有不断挑自己的毛病，发现自身的不足，才能使产品趋于完美。

将以往工作中所取得的成绩归零，每天都是一个新的开始；将定式死板的思维归零，勇于尝试新的想法；放下自己的身段，和员工广泛地交流，了解他们工作过程中的困难。

"小我"意识可以给人安全感。但是，人生最可怕的事就是还没启程远行，就早早被"小我"意识吞没在了起点。从此，他的"小我"，关闭了他与这个世界沟通的能力。

请挣脱"小我"的枷锁，它是你进步的最大阻力。自我意识是一个非常感情化的东西，它会给你建立一个心理防御机制。它知道你不喜欢被人批评的感觉，别人一批评你，你就不能接受，你的本能就是总想强行辩驳；它知道你害怕面对复杂的事务，不敢面对未知的领域，因为我们都喜欢做简单的事情，待在已知的舒适区里，所以，你一定要清楚，现在是谁在为谁做决定。

人生的意义在于磨炼意志，没错，但是磨炼什么意志？是为了磨去虚伪、自大又胆小的执念，作为社会和集体的一分子，我们是不可能没有欲望、没有私心的，但我们决不能让私欲之心泛滥，在生活和工作中，要跳出那个"小恶魔"的蛊惑。为此，我们要不断地自省，时刻警醒，以谦卑心态面对这个世界，勇于直面自己的不足，然后坦然地放下"小我"的执念，用全力以赴的拼搏去突破它，日益精进，让自己的心装下更广阔的天地。

第二节　正视自己的短板

人最难得的是有自知之明，因为小我的"恶魔"不喜欢挫败的感觉；清楚地明白自己的毛病，勇于承认，然后努力改正不是一件容易的事情。

罗斯福是美国历届总统中最受尊敬的一位，但他也是有缺陷的人。罗斯福小时候是一个十分胆小脆弱的孩子，在课堂上总是一副惊惧的表情。如果老师点名叫他起来背诵，他会双腿发抖，结结巴巴，含含糊糊。

虽然胆小，罗斯福却有着坚强的韧劲，他能正视自己的缺点，哪里是短板就在哪里下功夫，缺点成了他努力奋斗的动力。通过训练，他学会了利用假声来掩饰龅牙。正是这样在点滴和细节上下苦功夫，让罗斯福成为一位虽没有洪亮的声音、威严的姿态，却是最有力量的演说家之一。

罗斯福没有在自己的缺陷面前逃避和消沉，而是正面认识自己，偏向虎山行。他不因缺憾而气馁，甚至将它加以利用，变为自己的资本。所以后来，已经很少有人知道他曾经有过这样严重的缺陷了。

"人非圣贤，孰能无过。"有缺点不可怕，怕的是不肯承认、不敢承认。没有正视缺点的勇气，讳疾忌医又明知故犯，是最大的愚蠢。正视自己的缺点需要勇气，更需要行动。一个人如果将自己的缺点、短板和错误都留在表面认识上，而不采取行动来改变，那正视自己也就失去了意义。

正视自己的短板，是为了取长补短，取别人的长处补自己的短处。当初华为因为供应链出了问题，美国市场决定停止对其供货时，华为在市场上出现了"空有5G技术，没有5G手机"的尴尬局面。当时任正非马上正视了这个问题，分析解决方案，解决了一部分华为公司的短板和漏洞，并且直言：想要修补好，可能需要两三年，想要重新振兴华为，甚至需要更久。

无论成效如何，如今华为的通信业务和手机业务的短板都得到了解决，这也意味着华为通过这一次的事件，得到了提升和强化。正视不足，是强大自己的工具，是优秀人士每日的功课。这要求我们必须敢于认知自己的不足，才能有所提升。要放得下"面子"，成功的人都是对自己狠的人。只有如此，才能使自己保持在最佳状态。

美国著名小说家马克·吐温在成为作家之前，做过商人，还做过演讲师，但都不怎么成功。然而他能正视自我，意识到自己没有生意头脑，于是放弃经商，知道自己有口吃的毛病而进行大量有针对性的训练，最终成为一名优秀的演讲家，这也为他日后的写作生涯奠定了基础。

倘若马克·吐温不能正视自己不善经商的弱点，在生意场上一条道走到黑，结果恐怕会一事无成；假如他因口吃而放弃演讲，后来演讲乃至写作上的成功一定会难以获得。所以说，在人生的道路上，我们既要正视自己的弱点，又要分清这些弱点如何回避，如何弥补，从而避开自己无能为力或不擅长的领域，修复自己可以拉长的短板，我们前进的脚步就会离成功越来越近。

可惜，这个世界上有不少人，或者只能看到自己的长处却看不见短处，或者只看到别人的短处却看不到别人的长处，或许是过于自负，或许是过于自卑，这样的人往往难以取得很好的成绩。

《三国演义》中的马谡便是一个只看到自己的长处而无视自身短板的人。他自幼熟读兵书，通晓兵法，论起谋略来头头是道，但他没能正视自己纸上谈兵缺少实践经验的缺陷，还自以为是，不将他人的意见放在眼里，结局便是失街亭，被斩首，留骂名。

不难想象，若是马谡能正视自己的薄弱之处，在征战中不断吸取经验而不是空泛地高谈阔论，并能虚心采纳别人的意见，他定会成为一名成功的将领。但遗憾的是他没有这样。

自省，既是自我品德修养的一种方法，也是通过自我意识来省察自己言行的途径和过程，朱熹说："日省其身，有则改之，无则加勉。"苏格拉底说："未经自省的生命不值得存在。"

如果有了过失而不能自省，就会使我们越来越滑向更大的错误的深渊，就会给事业造成更大的损失。对自己做错的事，知道悔悟和自责，这也是敦品励行的原动力。勇于面对自己，正视自己的一言一行，反省不智之思，不谐之音，不达之事，而且还要及时自省，反复自省，这样才能得到真切、深刻而又细致的收获。

反省需要敢于正视自己缺陷的底气，君子坦荡荡，想要成功最基本的心理素质还是要有的，要敢于直视自己的问题，正视不足，然后努力积极地寻找解决方法。它是对心灵镜鉴的拂拭，是对精神污垢的洗涤，是一个人心智的不断提高，思想境界的不断升华；自省是一种最简单的减法，经常减、时时减，减去一切对我们不利的东西。

我们在日常工作和生活中，亦是如此，在学习上，如果我们不是天赋异禀，那么请用汗水来弥补，争取更好的成绩；如果我们不善言谈，那么请多加练习，努力克服；在市场竞争中，如果实力不足，请用努力去提升，真诚地沟通。总之，做人做事要真诚。首先，我们要真诚地对待自己，虚心学习，要有极力弥补自身不足的决心和耐力，不断地修正自己，无畏瑕疵与未知，做一个有底气的追梦人。能做到这些时，成功离你已经不远了。

　　新时代的中国企业家们，和当下正在通向成功之路上奋力拼搏的年轻人，我们是时候反思一下什么叫成功，如何定义成功了。这里的成功包括财富自由、物质生活富饶、子女教育优质等，但是更多地应该去思考作为个体为社会做出的贡献，要去衡量因为自己的努力为他人带来了什么价值，我想这才是对成功应该赋予的一部分含义。

第三节　做事要"用心"

用心做事，是一种美德。

用心做事，就是肯花时间、肯动脑筋、肯耗精力去想、去做、去研究、去琢磨生活中遇到的每一件事。反映在职场上，是对工作有强烈的事业心、责任感和正确的思维方式，在工作中竭尽全力，处理事情达到自己的最高水平。同样是做事，其用心与否，结果有可能大相径庭。循规蹈矩地按"程序"办事，只需投入三五分的精力；按部就班，其结果一般都是平平无奇，而用心做事则需万分的投入，其结果必然是满载而归、尽如人意。只要我们在各自的工作岗位上或者生活中踏踏实实而又时时刻刻地坚持用心去做每件事，用心去打磨每个细节，就能"心生爱，爱生智，智生能，能生力"，其聚变反应是我们做好各项工作的无尽的力量源泉，从而能专心致志、有所作为、永续发展。

假如说"认真做事"是一种态度，那么"用心做事"可谓是一种品质。迪士尼乐园有一句名言："每一天上班都是一场表演。"这句话的言外之意是当你做事的时候要非常用心，因为有人在看着你。

有些人总是抱怨没有施展才能的机会，其实你并不是真的没有机会，而是别人在看你的时候，你表现得很糟糕。机会总是留给有准备的人，我们要时时刻刻认真做好每一件事，幸运才会降临。做任何事情都要当作有人在看你、监督你，从而谨言慎行，做事专心，我们的技能也会得到提升。用心做事，结果不会骗人，这样遇到机会才不会错过。

认真做事，才能把事做对；用心做事，才能把事做好。一个用心做事的人才是有潜力的人，他会全身心地投入到工作中，全力以赴地对待自己的工作。也只有这样，才能做好一个管理者，带出优秀的下属，齐心协力地把工作做好。希望我们都能把"用心做事"当成品质一样来修炼，当作信仰一样来坚守，当成习惯一样来培养。

用心做事，就是为他人服务，而服务本质上是一种高尚的品德，它与职位和行业无关，我们所做的每一件事都是在服务。服务自己、家人还是客户？发心是为谁服务？使命越大，服务对象范围越广，在社会上发挥的价值越高，从而财富积累越大。所以，发自内心地为他人解决问题，服务企业和社会是成功的根基。

这是做事的一种态度和一种修行，更是对自己人生的最大尊重。

我们的社会太过浮躁，很多人在开始做一件事之前，习惯性地先去思考"干这件事我能有什么好处"。每个人都是趋利的，但这也是为什么成功的人是少数。因为凡事都从趋利的角度出发，是发展的最大忌讳。历史上也有不少这方面的事例，当年秦国决心统一天下以后制定的战略方针就是远交近攻的全方位外交政策，直到今天也是很多侵略国家所奉行的典范。当年，秦国强大以后，东征西伐，所获有限，全靠蛮力有勇无谋地与周围列国为敌。远交近攻的政策开始实施以后，秦兵所到之处，摧枯拉朽，可谓势不可挡。给秦始皇推荐这个政策的人叫范雎，他的理念就是"有利必争"，他们与其他各国的外交政策也是，怎么有利，怎么合作，敌友关系经常变化不定，都只看眼前利益。导致那个时候的秦国一团乱，也为后面的灭亡埋下了伏笔，因为，当你做事心中只为了短期利益时，前进的方向就会被利益牵引，看不到其他东西，利益熏心导致没有方向或方向不对。没有方向，就是没有发展目标，自然无法持续性成长。这也是为什么我们今日，还在不断重申，做事要不忘初心。

做事的发心，不应为利益，而是要让自己专注于做事本身，赢不是目的，让自己更强大才是。明智的企业家和创业者不会陷入相互削弱、互搏利益的恶性循环，而是专注于做自己领域的事情，让自己不断变得强大，让自己对别人而言更有价值。

用心做事使人负有使命和激情；敷衍做事、差不多就行，是因为没有信念。顶级的人，他们做事很少为自己，更多的是为了成就别人。这里的别人不一定是人，可以是某事、某些员工、某个社会集体或是某个局面；因为身上有担当，心中有责任感、有使命，所以让做事变成了一种锻炼自己的方式，变成一种荣耀，即使失败，也虽败犹荣。因为，你在服务于你的工作，服务于你的家人，你并不是单纯为了一己私欲去努力；因为你的付出成就了事物本身或者更高的价值，这是多么神圣的事情！我坚信，当你成就了世界，这个世界也会用相同的方式来回报于你。

第四节　学习是一生的事业

学：两个人，两个"十字"交合，坐在一个屋子上。古代的学，寓意着两个人意识合一的过程，即与对方的观点的交合。学的过程，在前期寓意模仿，是把自己的观点和意识放空，专注地与对方的观点合一。学的最高境界，第一步就是模仿。

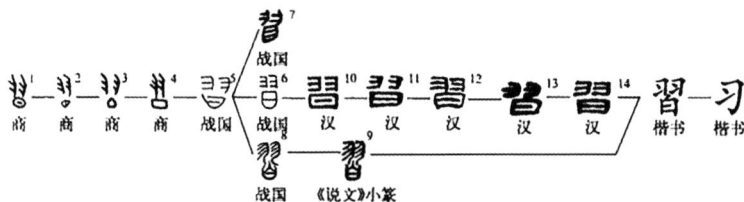

习：上面是羽，两个翅膀，代表鸟，古代鸟为西。西，有重复之意，寓意一种反复实践，从而得出自己的心得感悟的一个过程。把得到的东西提升到一个新的高度，这个过程称为学习。

真正的学习，不应局限于从书本上获取知识，更多的是通过亲身经历和自我感悟，提炼出最后那些书本以外的东西。

真正的学习，不是机械地重复作业，而要让自己每一次的实践都比上一次有进步，才是有效的学习。人生的意义在于不断地自我突破，这是一个人的基础本领的体现；通过一次次地从学→习，打磨出属于你的本领与能力。像练武一样，看似同样的招数，出拳上千遍，但每一次出拳，都会在上一次的基础上有所提升，这是在功夫上下功夫。

学习不仅仅是一种行为，而是一个良好习惯。优秀的人学习并不是为了获取某个知识点，而是为了让自己保持在进步的状态，为了让自己站到一个更高的平台去再次认知自我，从而更好地知道自己还有哪些知识上的短板。

什么是知识？

知识——能改变你行动的一切信息。

我们从小在课堂上学到的技能严格来说不算知识，更像是某种技能。

传授知识的本质目的是给我们提供一些理念的训练方式和方向，是过去前辈们的智慧总结，但绝不是永恒不变的定论。我们可以借鉴，但不应在学习过程中失去主观思辨的能力。

当我们学了一个知识点，并且通过个人实践和感悟从中获得的延伸能力，对我来讲才是真正的"知识"。但是当下很多的知识都属于技术层面的传授，或者只是在阐述过去的情景和理念，它们非常宝贵，可以给人们诸多引导，但是，我们更要学习其背后代表的精神与文化，以及那些伟人和天才们的思维和修养。学习的本质并不是照本宣科，而是在培养我们的思维能力和延展能力。

但是，这个世界非常有意思，普通人往往更喜欢学习专业技能，而成功人士更习惯于学习文化和如何思维，他们对现象不感兴趣，乐此不疲地挖掘现象背后的精神文化，然后积极地通过生活实践延展升华出属于自己的认知和体系，成为各自领域内的大咖。

优秀的人学习是为了让自己保持在一个相对巅峰的状态。

世界上最可怕的事情是什么？是停止成长，是 20 岁的身体里住着已死去的灵魂。当你停止了学习、故步自封，将自己囚禁在过去的牢笼中，那么注定一生碌碌无为。我们只有终身学习才能不断实现自己的价值，保持终身成长。也只有这样，才能给每日枯燥的生活注入新鲜的元素，才能活得精彩，绽放自己的光彩。

你可以选择不学习或不进步，当你做出这个选择的那天，是你余生中最年轻的一日，是你余生再也无法逾越的高峰。

学习本身是一个求道的过程、与"大我"学习的过程。"大我"不是虚幻的，它可以是一切高于我们的人、事、物。世间万物都是"大我"的一种体现形式。要以能者为师、达者为师，认真地生活，不断学习与突破，这本身就是一个悟道的过程。

在知识经济迅猛发展的今天，你赖以生存的知识、技能时刻都在折旧。在风云变幻的职场中，脚步迟缓的人瞬间就会被甩到后面。这绝非危言耸听。美国职业专家指出，现在的职业半衰期越来越短，所有高薪者若不学习，用不了5年就会变成低薪。就业竞争加剧是知识折旧的重要原因，据统计，25周岁以下的从业人员，职业更新周期是人均一年零四个月。当10个人中只有1个人拥有计算机初级证书时，他的优势是明显的，而当10个人已有9个人拥有同一种证书时，那么此人原有的优势便不复存在。

世上本无高手，不过是重复作业后的偶然产物。

《资治通鉴》记载，历史上孙膑和庞涓有两次交手，这两次孙膑都用了一个套路，连一招都没换过，攻其所必救，围点打援，知战之日，知战之地，也就是预判好作战时间和地点，选择占领有利地形，搭建阵地，设好埋伏，守株待兔，以多制胜，等羊入虎口。如此"老套"的招数，竟然把庞涓打败了两次！

可见，真正的高手，招数不在于多，而在于精，在于使用招数的人的"法力"高低，套路不怕老，但"法力"一定要高。所以，学习不能盲目追求新的知识，而是要打磨功力，知行合一，把一拳练出比别人十拳还强的功力。

人的层次越高，越难把事做到使自己满意，因为事情对你的要求越来越高，真的到了一定的高度，想要保持原地不动都是一种奢求。每天早上睁眼，发现自己还坐在这个位置上，那都是一种莫大的幸福。因为真正优秀的人明白，不进则退，只有不断地突破和进步，才有生存的一线生机。因为很有可能，当他在原地不动的时候，虽然看似并没有退步，但是对手们进步了，即使他非常努力地保持在原地，也很有可能意味着即将被淘汰。

未来的社会竞争不再只是知识与专业技能的竞争，而是学习能力和学习态度的竞争，一个人如果善于学习，勤奋上进，他的前途注定会一片光明。学习是一生的事业，贪图安逸只会带来无尽的隐患，使成功与你擦肩而过。

第五节　人品是最坚实的靠山

欣赏一个人，始于颜值，敬于才华，合于性格，久于善良，终于人品。

人们常说，靠山山会倒，靠人人会跑，只有靠自己，才是最坚实的靠山。一个人，最大的财富并不是金钱，金钱是一种消耗，总有花完的一天，而人品是一种积攒，会越来越多。靠金钱维持的关系，不长久，用人品换来的感情，才最牢固。

人品，是一个人最强硬的底牌，是自己最强大的靠山。好的人品，有原则和底线，有善心和良心，与人相处时让人轻松愉悦，与人交往时令人放心依赖。人品越好，素养越高，格局也就越大，久而久之人脉自然也会越来越广。容颜可以化妆，心灵却无法伪装，虚伪或许可以蒙混一时，但真诚可以赢得一世。人品，是一个人最高的学历。

公元前 387 年，吴起对刚刚继位不久的魏武侯说："一个国家的安全问题，取决于帝王的德行，而非地势的险要。"这个道理运用到我们的日常生活中也是一样，无论是做人还是做事，真正能保证长青不衰的是一个人的人品和修养，在德不在才。

而一个人的人品是综合因素产生出来的人格魅力，包含了他做事时的态度，面对失败时的担当，以及对自己承诺的落实。

一个人做事时的态度反映了他的内心活动，是应付，是谋私，还是认认真真把事情做好，别人一眼就可以识别出来，并且根本不会给你作弊的机会；做事时的态度，是一个人巨大的资产。你的态度等级，决定了你会成就哪种人生。

世上有那么一些人，他们做事时凡事有交代，件件有着落，事事有回音。这种人不会因为做人做事而吃亏，永远都谦卑谨慎，站在对方的角度思考问题，做事有担当、有责任。做事有担当，即使出错也能勇敢承认并从自身寻找原因，然后积极地去解决处理，而不是寻找借口推卸责任，这也是决定一个人发展前景的重要因素。

当对别人的承诺做不到时，会影响你在别人心中的信用，而在当下，信誉是一个人最大的资本。对自己的承诺要负责到底，做不到就不要说，说到就要保证落实，不要好大喜功。这是为人处世的基本素养，是对自己的言行负责。

在成功的道路上，拼到最后，拼的不是技术与手段，而是人品的高低。人品不同，成就不同，所以在人生的最后，能攀爬的高度也不同。

人品好的人，对外有骨气，对内有傲气。即使有一天身处谷底，也不会坑蒙拐骗，更不会放弃梦想。

投机取巧，输掉了机会也输掉了人品

投机心理指的是一个人过分自信，而忽视了事物的规则和自身条件，并想获取较大利益的一种行为。通常情况下，持投机心理者往往不再愿意花时间提升自我价值，也不想脚踏实地地努力。但是，投机取巧，会限制一个人的成长与发展，看似对人生有掌控感，总觉得将来会有人为自己的行为买单，这种有点"作"的心态会限制一个人的成长与发展，因为真正的自由与自信，是有能力给予自己更优质的生活，更成功的事业，而不是依赖其他人、事、物。

投机取巧久了，会失去名誉和信用，以前你的一切优点和功劳，在此时都将化为乌有，你也不可能混好这个圈层。请不要试探人性，还是那句话：请用兑现争取信誉；用信誉换得人品；用人品获得成就。

顶级的人拼的是靠谱、担当、落实，让人放心。他们能把每件小事都做到超出预期，在能力范围内尽责到底；能让人放心地把一件事完全托付给他，他也能做到及时反馈，准时交付；能给人确定性，极度坦诚。你在为人处世中，假如做到对方可以以命相托，那么你已经拥有了这世上的一切财富。

敢于承认错误

商场如战场，社会也是一个战场，充满了竞争的激烈和残酷。为了赢得竞争，我们既要有强烈的企图心和胜负欲，也要有否定自己的勇气和追求真理的意志。

我们要的是胜利的结果，为的是这个结果，而不是为了面子、自尊心和虚荣心。任正非曾经说："面子是无能者的盾牌。"事情办错了，或是没办好，要低头认错，这并不丢人，勇敢担当、解决问题才是最终目的，这是成功的人做事的最基本素养。事情失败了可以再做，人心散了就很难修复了。

在这个世界上，唯一能相信的、靠得住的，是一个人高尚的人品，没有任何一种能力是可以凌驾于人品之上的。人品是基石，能力是辅助。好的人品，在商业世界里，会带领你走向成功，是你一辈子的护身符。

人这一生，无论是才高八斗、学富五车，还是家财万贯、富可敌国，能让一个人始终屹立不倒、底气十足的，只有他的为人。做人做事有端正的态度，有认错的心胸和兑现承诺的本事，这些构成一个人的最终的人格魅力，也是他一生永远的王牌。

第五章　大格局，大发展

第一节　格局，不过是人情阅尽

问：什么是格局？

答：格局就是人们的经历，人们忍受的委屈和吸取的教训，以及一路走来支撑起的那些东西罢了。

哪里来的天生的大格局？不过是人情阅尽，事事经过。有机会要多去见见这个世界，提升自己的耐痛力和抗压力，这是成功的必经之路，前行的道路堪比受刑，看似无坚不摧的人，都挺过了种种苦难。

人的境界有高有低。有的人，自己就是世界，世界就是自己，他们生活的重心就是为了自己，他们只为自己活着，谋的是一己之私，这种人局限于"小我"的羁绊；有的人，世界就是"圈子"，"圈子"就是世界，他们具有集体荣誉感，他们为小团体活着，谋的是少数人的利益，这种人跳不出"小我"的束缚；有的人，世界就是他人，他人就是世界，他们为众人而活着，满怀济世为民之志，谋的是大众的利益，这种人达到了"无我"的境界。可见，格局的核心在于"为了谁"，你心中"为了谁"的人数越多，心胸越大格局就越大。大格局必有大发展。

决定你上限的，不是能力，而是格局。

《孙子兵法》里有一句：求其上，得其中；求其中，得其下；求其下，必败。你的未来如一张饼，饼能摊多大，并不是看你的技术有多好，而是取决于你的锅有多大。锅，就是你的格局。

有这样一种调侃：在中国大城市的街头，穿西装的只有两种人：一种是外国人，一种是中国销售。张先生就是这样一名从农村来到大城市的销售。用一句话形容张先生的工作——平常穿得西装革履，像个律师；工作起来点头哈腰，像个孙子。很多人受不了这种委屈，干不了两三天就卷铺盖走人了。

而张先生非但没有任何抱怨，还在每天的工作结束后认真地做总结，没有一天停止读书，并自费报了专业销售课程。铁打的职场流水的销售，而张先生一干就是五年。五年后，张先生从一线城市调到家乡，成为大客户区域经理，全面负责华中地区的销售业务。

世界上从来没有容易的工作。格局小的人，会无限地放大事件的难度，自怨自艾，这是我们前面提到的典型的负面思维；

格局大的人，则会把不易当作事件的主题，重点寻找出路，然后负重前行。人活着就要经历必要的痛苦，挺不过的，便在痛苦里死去；挺过去的，便会涅槃重生。

不管是侮辱、批评、攻击，或是得失、成败，对一个心胸"开阔"、有"大器量"的人来说，他的内心就像一片汪洋大海，你丢进去一根火把，它很快就会熄灭；你丢进去一包盐，它很快就会被稀释。反过来，如果你把一大把盐放入一杯水中，这杯水还能下咽吗？为什么有些人遇到一点小问题、小困难，就容易生气、挫败、难以消受？

格局取决于你的胸襟和气度。

有的人的气度是一个"坑"，他们的心胸像水坑一样大小，逢水则盈，遇旱则干；心里装不下别人，或者自我封闭，自以为是，老子天下第一，容不下不同意见；或者患得患失，睚眦必报，让别人过得不痛快，自己也活得很辛苦。

有的人的气度是一片"湖"，他们的心胸虽有一定容量，但可能只局限于某时某地、某人某事；只是有选择地部分开放，盛不下社会的风风雨雨和人生的潮起潮落，做不到宠辱不惊、从容淡定。

有的人的气度是"汪洋大海"，天高任鸟飞，海阔凭鱼跃，他们的心胸像大海一样广阔，有兼容并蓄之德、吞天吐地之量，善于汇众人之智、集各方之力，能忍世人难忍之苦，能容天下难容之事，顺境时不张狂，逆境时不失落。你能装"多少"决定了你的人生轨迹。

格局反映了一个人的思想深度，思想深度决定了思维质量。

有的人，思想浮于"表层"，他们知识贫乏、理论浅薄、思维能力欠缺，人云亦云，随波逐流；有的人，思想触及"浅层"，他们不乏小聪明、小智慧，但思想深度不够，面对千变万化的世界，常常自满自足、浅尝辄止。

有的人，思想抵达"通透层"，他们具有历史思维、战略思维、辩证思维和底线思维，能抓住事物的要害、把握事物的规律，能在充满多变性、复杂性、模糊性和不确定性的世界中找准方位、辨明是非、正确决断。格局的本质是思想的深度、境界的高度，大格局必有大智慧。

往往一个人的执行力的高低，取决于格局的大小。

境界再高，胸怀再广，眼界再宽，思想再深，梦想再美好，最终还得靠我们去执行与落地。我们身边有些人，只会"纸上谈兵"，他们夸夸其谈，停留于空想和空谈，到头来总是"空对空"；有的人，习惯于"花拳绣腿"，他们流于形式、得过且过，满足于蜻蜓点水、浮光掠影，工作不深入、落实不到位。

有的人，能够"知行合一"，他们务实肯干，有坚定的意志力和超常的执行力，善于以理论指导实践、将思想化为行动，既能察实情、出实招，又会办实事、求实效。所以，格局的另一面是"干得好"，因为大格局必有执行力。

现实是，并非每个人都有天生的大格局，我们都有"小我"的执念和私欲，但每个人都有从"小"变"大"的可能。

如何让自己成为一个有大格局的人？这里与大家分析几个方面：

训练自己有更高层次的追求。

作为女人，大美为心净，中美为修寂，小美为貌体。

作为男人，大智为信仰，中智为克己，小智为财奴。

记住，格局小的人寻求安逸，格局大的人寻求突破。一个人的格局有多大，关键要看他在追求什么。

要具有更前瞻性的眼光

同样是销售工作，有的人只会背公式、练嘴皮子，有的人却能静下心来学习更专业、更系统的知识。有人说健身无用，有人说学习无用，这都是目光短浅的表现。格局小的人只看得到眼前的蝇头小利，格局大的人都在偷偷地为未来努力。

一定要有更乐观的心态

人活着，一定看得长远一点儿，要从当下的生活中抽离出来，从"小我"的束缚中"跳"出来，以更大的视角俯视自己的一生。当我们要离开这个世界的时候，要以什么样的心态和评价去定义自己的一生？如果此刻你为自己设定了一个长达 40 年的发展规划，那么如此，你现在正承受的痛苦也好，贫穷也罢，都不是什么大事。

要不断提升自己的段位

奴、徒、工、匠、师、家、圣，这是古人给人类划分的等级，他们之所以等级不同，是因为人生价值不同、格局不同、认知不同。要敢于走出自己的舒适圈，不断提升认知和思维能力，通过努力把自己的段位晋升到一个新的高度，这也是成功道路上进步最快的途径。

在成功人士的眼中，格局的大小决定了你最终成就的大小，请认真生活与工作，用你的经历和感悟喂大你的格局，用勤劳与汗水实现你的人生梦想。在日常的生活中，钻研精进，做好自己，践行当下，经营好自己的事业，无论是非，都不失格局，才是最好的结局。

第二节　利他是最大的智慧

利他，是最大的智慧。

人性都是自私的，利己思维符合人类的本性，在当下快速发展的商业环境下，每个企业、每个个体都过度强调自身利益的重要性，真正懂得奉行利他精神的企业家越来越少。作为企业家的导师和伙伴，我们曾经多次探讨过这个问题，有些人能理解，有些人有质疑，也有些人用自己的利他概念做利己的事。

在我看来，利他行为符合大道规律，是一切文明与商业可以良性运转的核心。

河有两岸，事有两面，一切事物都存在相对性，利他与利己就是这样的存在。中国的古老智慧告诉我们，阴在阳之内，不在阳之对，利他与利己绝不是对立状态。一个真正的商业人才，或是成功大家，既能保证自己获利，也能让对方获益，懂得如何平衡双方的关系，把利他与利己完美统一，达成互赢。因为，只有当你真心地去利他，为他人服务时，才能获得回报。所有的大成之人都是利他主义者。

利益之争，一直以来都是价值观中的一个重大议题。先利己还是先利他，并不是非黑即白，摆在面前的两个东西让你选一个，他们并不是并列关系，而是因果关系。《大学》中讲道："物有本末，事有终始。知所先后，则近道矣。"义，利他，是本，利益是末；两者是先后关系；利他在前，利益靠后，也就是说，利他是利益的因，产生利益是果。做事情一定要了解事物本质的规律和法则，这就是一切经营和生意的道——只问耕耘，不问收获。

这里，很多人就开始不理解了：我开始决定做一件事，怎么能不考虑利益、不考虑收益呢？不是叫你不考虑，而是就算你机关算尽，也没有用；不是不问收获，而是"问"了也没有，中间会出现无数问题阻拦你的进步，到那时，光靠之前的算计根本无法支撑你走到终点。

为了利己去"利他"，本身就是一个伪命题。

孔子曰："求仁得仁，又何怨乎？"所以，真正的"利他"，就是要放下期待，心里没有对目标利益的期待，只专注于手中的工作，埋头苦干，凭着自己的信仰和热情，凭着对事情的责任与担当去干。

曾国藩之所以能功成名就，与他的这种利他思维有很大的关系。在建立湘军的时候，曾国藩将主要心思都放在了选人、用人和培养人上，他的理念是"集众人之私，以成一人之公"。比如李鸿章、左宗棠、彭玉麟等人，都接受过曾国藩的帮助，所以，最后曾国藩可以做到一呼百应。

企业界的领导也是组织管理者，所谓的管理，本质是要通过别人的工作成果来达到自己的目的。但是，所有管理的背后一定要有"利他"意识，只有明白这点，人才能克服自己的狭隘和私欲，以众人的成功和快乐为自己的成功和快乐，当有了这样的格局和认知，人生和事业的前途便不可限量了。任正非就是这样对人、对事的，他在华为创业的过程中，奉行"财散人聚"的理念，不断分钱、分权给众人，聚天下之英才而用之。

在华为这个平台上，大量的人才得以施展所长，尽情发挥自己的才智，获得了充分的成长。随着众多人才的努力奋斗和不断成长，华为的事业越做越大，而任正非作为企业的创始人和最高领导也收获了巨大的成功。

创业者一定要想清楚这一点，当你为别人的收益去付出时，那最终受益最大的人也必然是你。我们之前提过，当你的出现可以为对方带来价值时，才有出现的必要。所有的产品、品牌、公司，如果不能以消费者和社会的利益为出发点去搭建，最终也是黄粱一梦、昙花一现。

所谓"尔曹身与名俱灭，不废江河万古流"。从古至今，无数人的失败都在这个地方，任你才华横溢，要是战胜不了自己内心的恶魔，终究也是一场空。

黑石的苏世民说过一段话："许多人的失败都是因为他们习惯于从自身利益的立场出发，处于困境的人往往只专注于自己的问题，而使自己脱困的途径通常在于如何解决别人的问题。"古今中外，真正的高手都有相似的理念。

我们作为社会的一分子，不仅要保护自己和家人，更要保护企业和社会，如果你的出现可以给别人带来兴旺发达，那成为受众人拥戴的领导者也是水到渠成的事。

人生在世，既要为自己，也要为别人。你帮助、成就的人越多，你的收获就越多。这个道理虽然简单，但能坚持下去的人却很少。无论是企业还是个人，只有学会与外界达成互惠互利的共识，才能获得持续、良性的受益和发展，才能在成就别人的同时成就自己。

利他，是一种高尚的美德，是中华民族哲学文化的智慧传承。

我国传承千年的智慧教会我们，"利他"是我们民族恒久不衰的文化底蕴，也许在这个快节奏的时代被很多人遗忘了，但是，它是"道"的规律体现，是伴随我们生活与工作的客观规律。现在的"企业管理"这个概念来自西方，众所周知，西方的商业经济注重个人主义和享乐主义，这与我们的东方文化不同。想要成功，首先要了解我们这片土地上孕育的文化和精神。

"利他"本质上是在追求一种平衡，而平衡的本质是为了延续。这是我们的商业智慧，中国人的商业文化流传千年之久，骨子里的烙印就是一种传承精神，一个店铺从父亲传给儿子，一门手艺从师父传给徒弟，这里没有企业管理，有的是一份利他与传承。请学会利他，这是流淌在我们每一个中国人血液里的文化智慧。

上善若水，水利万物而不争。

——《道德经》

第三节　谦卑，使你挖掘更多财富

人一旦傲慢，就会遭人唾弃。

谦卑是即将缺失的美德。谦卑是一种智慧，是为人处世的黄金法则，"善胜者，善败"，懂得谦卑的人，往往能得到更多的收获。

请谦卑地学习，谦卑地与人相处，谦卑地面对我们未知的领域，时刻铭记你不是最强的人，即使在自己的领域里有很好的成就，换一个圈层，换一个环境，也是晚辈和学习者。所以，要不断努力，日益精进，这样的思维是成功必不可缺的一部分，也只有如此，才能实现非凡的人生。

谦卑，并不是卑微，不是为了自己的目的"有意"或"假装"把自己搞得很糟，放得很低，去取悦别人。真正的谦卑要做的第一件事就是"无我"，世界大同，都是你的分身，都是上天给你最好的礼物。不念过往，不惧将来，专注当下，放下小我，倒空自己，谦虚礼让，处于一种"无我"的状态，这才是真正的谦卑。刻意的谦虚，是一种弱者思维。

确实，对普通人而言，要始终保持谦卑之心确实不是一件容易的事。我们在这里强调谦卑，是因为它在我们的社会十分稀缺。

我们经常会遇到一个情景，当进入一个新圈子的时候，会有各种各样的商业互捧，因为你的成绩优异，周围的人全部对你投来赞扬和羡慕的目光。从衣着到气质，从专业到生活，对你全方位地称赞与褒奖。一开始你可能还保持清醒，告诫自己要低调谦虚，但久而久之，三年五年，慢慢开始自我陶醉，深陷其中，在内心深处冒出一丝满意和欣喜之情："我那么努力，有今天这样的业绩和成绩，不正是因为我优秀吗？""我做到了这件事，别人不一定能做到，我实在是厉害。""他们说得也没错，我的努力还远远大于你们看到的样子，我需要更多的认可和赞同……"

当这样的声音占满了一个人的内心时，他做的一切早与谦卑扯不上关系，也是一个人衰败的开始。

仔细想想，我们所拥有的一切，我们的能力、技术、经历，虽然都与自己有关，但都是从上天赐予的种种机会中练就的。能力与成就对一个人来说只是暂时的，并不能保证在未来同样适用。用过去的认知和技能去应付未来的事件，风险系数很大，所以成功一时，不等于成功一世。

随着社会经济的不断发展，西方文化慢慢渗入，谦卑精神日趋淡薄，人们时刻都强调自我，坚持自我主张，这意味着谦卑精神在这个时代逐渐被遗忘。把平台当实力，把实力私有化，把集体的成绩归功于自身的成就等，这样的思维尤为明显。曾经那些脚踏实地的企业为了追求短暂的利益，好大喜功，疯狂地割韭菜，忘记了初心和发心，根本无法抵挡住风浪，换来的是被时代和社会淘汰。

用中国的智慧概括就是：满招损，谦受益。

晚清时期，李鸿章有一次去南京办理公事，路过家乡，前去拜访他的恩师徐子苓。刚到徐府，守卫见李鸿章身披官服，气势高贵不凡，便急着去禀报。

李鸿章连忙叫住守卫，让他暂缓禀报，问能否先借自己一身普通衣裳。

旁人不理解："穿这套衣裳有何不可？"

李鸿章说："穿着这套官服见恩师，一定会让恩师感到不舒服，心里有压力，换上一般的行头，才会令恩师舒坦，不会产生隔阂。"

真正谦逊的人，即使取得非凡的成绩，在为人处世方面，仍然注重自己的修养，身居高位而不狂妄，懂得换位思考，给人如沐春风之感。以"刚"做事是一种能力，有胆识，有魄力；以"柔"示人是一种智慧，有涵养，有气度。

"千罪百恶，皆从傲上来。"你身边一定还有比你优秀的人，请收起傲慢的姿态，换个角度看每一个人，他们都有值得我们学习的地方。试着以"晚辈"的姿态与身边的人打交道，你会有意想不到的收获。

谦卑，是骨子里藏着的一份修养，哪怕功成名就也会放低身份，尊重他人，给他人留面子，也是给自己留余地。

谦卑，是我们处世的资本，能为对手叫好也是一种美德，每一个成功的人，都是从谦虚之路上一步步走过来的。谦谦君子有傲骨，但没有傲气，有着坚强内心的同时，能谦恭有礼，具有一颗容人之心。

层次低的人，爱张牙舞爪，总试图通过贬低别人来抬高自己，有一点点成绩都要哗众取宠，炫耀自己。而层次高的人，内心强大，不需要外界的认可来标榜自己，自信但不自大，狂放却不狂妄。虚怀若谷，说话得体，对人谦逊，做事恰当，是为人处世的一种至高境界。

谦逊，是我们中国人骨子里都有的一种涵养，一种风度，更是我们需要追求的一种高尚的境界，一种达观的处世姿态。《中庸》里讲："水低成海，人低成王。"水往低处流，汇集成了大海；做人也应低调谦卑，才能获得别人的敬佩。做人要有敬畏之心，谦虚谨慎才是长远之道。每个人都应该是我们学习的对象，是我们学习的榜样，是促进我们提升和成长的良师益友。

第四节　思维方式，决定人生高度

曾国藩说："谋大事者，首重格局。"

你的思维方式展现了你的做事风格，彰显了你的做事态度，决定了你的人生高度。思维决定潜能，思维决定你未来成长发展的空间，思维格局决定境界。

试着改变思考方式，从正向积极的视角出发，然后全力以赴地去工作和生活，如果能做到极致更好，这样一来，不但可以解决眼下不是问题的问题，更能打开另一片天地。

人的一生有很多困难，而困难大部分是无法逃避的，因为逃避了反而需要付出更大的代价去解决。人在面对困境时，如果总是考虑如何绕道而行，犹豫不决，畏首畏尾，满是顾虑，那么困难会像滚雪球一样在心中越滚越大。

从前有三名旅行者，夜里去一家旅店投宿，但是却被一块大石头挡住了去路，爬不过去也绕不过去。正在三人发愁之时，一个商人路过，说他有办法，但需要花100文钱才说。第一个人毫不犹豫地给了钱，然后就过去了；第二个人讨价还价，但是商人顺势把价格涨到了200文；第三个人准备支付200文的时候，商人已经把价格涨到了300文。

面对问题时不能逃避，更不能想着投机，有时顾虑的时间越长，付出的"利息"越多。只有主动积极地寻找解决方法，有魄力地做出选择，才不会付出更大的代价。当你遇到困难时，不要选择逃避，不论付出什么代价，一定要下定决心去完成，要从各个角度看待问题和形势，一定要真诚、谦卑、客观地去审视。

人最难做到的是处于难熬的逆境中，始终保持乐观积极的心态，并充满热诚、开阔的心胸热爱这个世界的一切，时刻不忘自己的目标与使命；把所有的顾虑、面子、负面思维从心中移除。一个成功的企业家必须拥有这样毫不动摇的坚持与决心，坚毅地面对无数的危难与挑战，时刻保持正面思维；不应面对接踵而来的挑战就选择负面思维，变得封闭、悲观、胆小、自怨自艾。

这个世界是由你的心而呈现的。想要改变现状，先从自己的心开始，转变思维，提升认知，美好也会随之而来。

先试着调整好心态，尝试用正向思维积极地去分析问题，放下"小我"的执念，用更大的视野，从长远的角度，谦卑、利他、正视当下的问题。人生的分水岭就在于此，无论你有多不满当下的情况，但积极正向的思维、美好的心态都会很快带你走出困境。只有正确且正向的思维方式，才能使你随时可以迎接挑战与机遇，勇敢地面对风浪。所以，不管你身处何种境地，都要时刻控制自己的思维，把它调整到最佳状态，把所有精力都放在眼下的事情上。

西汉时，儿宽在廷尉张汤府上当差。下班后，府吏们都喜欢喝酒玩牌。儿宽却不然，他一有时间就埋头读书。有个文书挖苦他说："你就玩会儿吧！你再怎么学，也不过是抄抄写写罢了，小家雀还能成大尾巴鹰？"儿宽正义凛然道："大丈夫当以天下为己任，真英雄欲为万世开太平！"任凭别人怎么劝、怎么拉，儿宽就是不肯入酒局饭桌。

这样过了几年，一次，汉武帝对张汤的一个奏折很不满意，吓得张汤诚惶诚恐，回来后就把文书臭骂了一顿。文书愁眉不展，一旁的儿宽拿过奏折一看，指出了问题所在。文书哀求："救人救到底，你就帮着写写吧。"儿宽文不加点，片刻便写好了。结果，奏折让汉武帝眼前一亮，得知是儿宽所写，亲自召见了他，先任命他为左内史，后升任御史大夫。别人喝酒作乐，儿宽却闭门读书，因为他的抱负不是谋个饭碗，而是经纬天下。

在工作和生活中，有些人总是想着付出少一些，得到多一些，这是人性，但工作与生活的大道法则却并非如此，它讲究大舍大得、小舍小得、不舍无得。因此，无论到了哪个时代，无论是创业还是管理企业，不逃避、不投机才是正确的选择；停止把问题推卸给别人，学会运用自己的意志力和责任感，专注于行动，解决眼下的问题，让自己的出现富有价值。

学会与困难共存，换一个角度看问题，很多时候阻力会迎刃而解。培养正确的思维方式的另一层寓意是为了提升个人的思考力，深入思考事物的本质，当遇到没办法"彻底解决"的问题时，我们如何切入思考、如何平衡各方面关系，同时达到自己的目的，等等，这需要具备一定的分析能力和思考能力。

成功是有顺序的，首要的是思维，然后才能选出最合适的做法，然后将自己的修养和底蕴贯穿言行之中，才能有机会有所成就。换句话说，思维是一切成功的立足点，无论是在历史故事里，还是在现实社会生活中，所有优秀或成功的人，无一例外都是具备顶级思维的高手。

一家企业要想持续发展，就要时刻面对强大的竞争压力，这首先挑战的是企业家面对不同时代、不同时期、不同情况下思考问题的综合能力。要求企业的经营者不仅要对事物具备完整的认知和思维，更要在软实力上战胜竞争对手，客观充分地分析企业的优势与不足，懂得化不利为有利。

职场中，每个人都在竞争中寻求生存之道，要不断地变强，不然就会被淘汰出局，弱者要变强，强者更要强，所以正向积极思维必不可少，以这种思维去指导自己的工作，在努力工作中不知不觉地提升自己的人格。然而随着工作压力的不断增大，困难越来越多，如逆水行舟一般，不进则退，其中也难免有一些意志不坚定的人容易产生负面情绪和想法，在风浪来临之际，选择了退缩或逃避，本来坚持下去，可以大有作为，结果仅仅因为没有正面思维和坚毅地咬牙坚持初心，而与成功失之交臂。

2001 年，75 岁的"中国烟草大王"褚时健保外就医，走出监狱的他身无分文。但他的气魄不减当年。他来到云南玉溪哀牢山，一出手就包下了 2400 亩的山地，打算培育种植高品质的水果——冰糖橙。

万科老总王石来看望他，问道："为什么想种冰糖橙？"褚时健铿锵有力地说："美国的骑士水果一直在世界前列，我不服气！给我 6 年时间，我一定会超过美国佬！"王石悄悄掐指一算，5 年后，这些果树开始结果，褚时健已是 80 高龄。可是，褚时健说了，就有人信，许多朋友主动找上门来，要给他提供资金。

2012 年，当 84 岁的褚时健再次走进人们的视野时，他又是一个亿万富翁了。有人问他二次创业的秘诀，他说："干大事就需要一种大气魄！没有大气魄，事难成！"

无论你从事什么领域，身处什么样的岗位，做任何事都要有必胜的迫切心态，再加上单纯热烈地对待万事万物谦卑敬畏的态度，就能打开一扇扇通往成功的大门，用正确的思维方式，勇于面对这个世界，把自己逼到极致，全力以赴地努力争取，当有了这样的意志时便拥有了将不可能变为可能的能力。

"树挪死，人挪活"。过于执着于一念，打不开局面，会让未来的路越走越窄。而转换思维，放大格局，能开掘出一个全新的视野，打造出一个广阔的舞台。正是这种思维方式孕育着丰硕的果实，给人生这台戏的剧本注入力量与价值。

时光不会倒流，没有人能选择从头再来，但我们都可以从当下开始，开启全新的未来，正确的思维方式就是这样一个法宝，转念即菩提，它可以帮你点石成金，帮助每一个企业家或员工在职场披荆斩棘，乘风破浪，并赋予其充盈的人格魅力。

第五节 知道，不等于能做到

这个世上最远的距离，不是从马里亚纳海沟到珠穆朗玛峰，而是知道和做到之间。

知道，做不到，一般分为两种情况：

第一种：主观意识到位，很想做到，但是自身实力不允许，导致无法做到。

第二种：主观认知不到位，对事情理解不深刻，无法建立强有力的执行力。

第二种情况，我们之前讲了，属于知行合一中的"知"的环节出了问题。而第一种情况，是因为很多时候我们在日常生活中积累的执行力不够导致的；就像一个从不运动的人，突然让他一口气跑20公里，他的肌肉没有受过锻炼，没有健全的跑步技巧支撑，即使他百般坚持和努力，也跑不过每日坚持跑5公里的运动爱好者。每一天的经历，做每一件事的过程都是在"锻炼肌肉"，通过一次次练习和反思，总结出心得和改进方法，只有这样，当挑战真正来临时，才能更好地把"知道"落地为"做到"。

我常说，生活就是工作，生活中的一切都是上天给我们最好的礼物，为的是磨炼我们的意志，提升我们的能力；认真生活就是在修炼内功。

王健林一度是中国房地产行业的领军人物，所创造的财富让他几次登上中国首富的位置，万达的投资发展到了海内外，大到海外企业并购，小到个人生活娱乐。王健林每一次的动作都会引发大众的热议。而在这些亮眼的成绩背后，我们不难发现他是一个敢想敢干、勇于做大事的人，背后付出了许多汗水才会收获今日的成功。

曾经有一期访谈节目记录下了王健林的一天，他早上4点起床，第一件事是健身，吃完早餐后就赶去了机场，随后参加了当地的项目签约仪式。仪式结束后，他又马不停蹄地赶回北京，参加会议，会议结束后还要在办公室加班。这是他日复一日的工作节奏，但是无论他多么忙碌，每周至少会给自己安排3次健身运动的时间。李嘉诚每天早上起床会去打半个小时的高尔夫球，每周都会安排与自己的战略顾问坐下来一起吃午餐。这是他们这一类型企业家的自律，这样的高强度、密集的工作安排，别说他们这个年纪，就算是年轻人又有几个能坚持？

所以，成功是自我约束的毅力支撑起来的必然成果，但是，他们为什么这么拼？原因很简单，只有维持健康的身体和良好的工作状态，才能平衡好自己的工作和生活，使自己走得更长久。很遗憾，很多新一代的企业家没有意识到自律的意义。

想，都是问题；做，才是答案。

孔子当年向音乐大师师襄子学琴，师襄子见他天天弹一首曲子，实在看不下去了，就对他说，你弹得不错了，可以试试新曲子了。孔子说，我虽然熟悉了这首曲子，但是弹奏的技法并没有完全掌握。

过了一段时间，师襄子说，你已经掌握弹奏的技法了，可以学习新曲子了。孔子说，我虽然掌握了弹奏的技法，但是还没有领悟作者在曲中蕴含的情感。

又过了一段时间，师襄子提醒孔子说，你已经领悟了其中的情感了，是不是可以学习新曲子了呢？孔子说，我还没有从曲中领悟到作者的为人。

过了一段时间，孔子弹奏曲子时的气质发生了翻天覆地的变化，一副庄重肃穆的样子。孔子高兴地对师襄子说，我终于知道作曲者是个什么样的人了。他志向高远，应该是个统治四方的诸侯，只有周文王有这样的气度。

就这样，孔子用了超出常人数倍的时间和精力，精益求精，把这首曲子弹奏得炉火纯青，同时还能举一反三，孔子在弹奏其他曲子时也变得得心应手。

"很多人在梦里走了很多路，醒来还在床上。"很多时候，想那么多没用，干就完了。

成功的道路上，那些已有所成的人，他们把自己的意愿通过"行"的过程，不断地落地，把自己的梦想成功转化成现实。我们作为晚辈，要积极学习和借鉴他们的闪光点与智慧，真正做到知行合一，然后，随着不断的实践，以及能力的提升，落地时的成功率也越来越高，越来越符合当初的愿景目标，这时你的能力和成就也随之有了很大提升。

在现在高速运转的商业环境下，坚持知行合一，就是在"实践、认知、再实践、再认知"的螺旋式上升过程中不断增强本领，是一切优秀企业家及个人促进自身发展的成功之路。

古人讲的"非知之艰，行之惟艰""纸上得来终觉浅，绝知此事要躬行""耳闻之不如目见之，目见之不如足践之"，等等，都是在强调知、行是一体的，这也是我们中华民族的优秀文化的传承基因。

不要仅仅停留在嘴巴上的"知道"，还要真真切切地经历一次，才算真的知"道"。要虚心，不骄傲，不要以为自己知道就结束了，还要去实践，从而得出自己的心得和感悟，这时候才是真的得道，然后再调整和提升自己，再去做。

认真做事，是最快拉近"知道"与"做到"的距离的方式，当你对自己的工作、你的企业对产品，注入深刻的热爱与使命时，眼下的事情很容易就能做到。

生活是一个展示实力的舞台，我们在台上可以尽情施展才华，以及我们积累的知识、认知、思维力、应变力、表达力、适应力等，唯有认真仔细地做事才能把这些能力释放。

不少企业及一些员工把工作当作养家糊口的饭碗，不得不从事这个行业，不得不在这个岗位再待几年，根本谈不上使命感和热爱，甚至很多人认为，我用劳动换老板的工钱，等价交换，很合理，都是一个形式，谁也不用过分在意和用心。这些人，他们只想做企业的工具，不想做企业的功臣，当他们无法热爱，没有认可之心时，是无法全心全力做事的，更像是驴拉磨一样，被迫劳动。这样不仅无法满足职位的要求，更会断送自己的前程。

那些取得成功的人，无论是创业者、职员，还是企业经营者，他们无一例外都很用心，充满热爱地去做每一件事，对自己的工作，对企业的产品，深深地认可及热爱，随之而来的是把每件事都做到尽善尽美。

"知道"但做不到的第二种原因，是人们对事物缺乏深刻的认知和理解。就像我们前面提到的，只了解到表面状态，浅浅的知"到"了；只考虑当下利益，而忽略长期利益和价值。在他们眼中，工作是工作，自己是自己，这两者相对独立，并且刻意地保持距离，却不知，工作对个人生活的意义及影响。所有的顶级企业家和富豪都是把工作生活化、生活工作化，为什么？因为他们看透了生活及工作的本质关系，如果没有对工作及人生有着深刻的感悟，永远也抓不到做事的价值。

道理都知道，就是不去做，这是成功与失败的分水岭，也是有些人一生都无法逾越的鸿沟。一个人所做的工作、所管理的企业是其人生的缩影，是其人生态度的展现，当我们把工作当作成就自己的贵人，把产品当作自身价值的延伸，当我们对工作的定义不仅仅局限于换取劳动报酬，更像是一种对自己的投资时，或许你也可以很轻松地跨过这道鸿沟。

第六节　担得住，出众；担不住，出局

担当，是一种责任，一份信任，是前行的动力，更是一种成功的必备能力。

每个人都应该依靠自己来解决人生中的问题，而不能指望别人。这就是一种承担。而现代社会中的人们，最大的弊病就是太过于以自我为中心，一旦他人不能满足自己，便怨恨丛生。我一直坚信，人是可以通过自己的努力提升自己的，并提升认知和圈层，从而可以更好地解决问题，这包括修身、律己、心态积极与宁静等，对价值的创造，对生活的热情，这些都不是别人所能给予的。有人抱怨目前做的工作太辛苦，而且也不是自己喜欢的，因此很苦恼。但如果你不马上做出决定去改变，你将会更加苦恼，并且持续地苦恼下去。这个果敢，是源于对人生的热爱与担当，要么与苦恼的成因握手言和，要么就果断地抽身离去。虽然我们不可能对自己的人生完全掌握，但在必要的时候，还是应该选择主动承担。

不一定非要做大事才叫担当。

只要在平凡的岗位上尽其所能地肩负起自己应负的责任，一样是优秀的，一样会受到人们的尊重和爱戴。

一个人最大的魅力就是有担当，他对自己负责，对别人负责，对工作负责，对家庭负责，对社会负责。自己分内的事义不容辞，责无旁贷，尽心尽力，尽善尽美地做好，是基本的要求。分外的事，能做的，答应别人的，要做好；不能做的，或是做不到的，要尽快说明，不要拖拉，耽误别人，影响自己。

一个人是否能担得住事，往往不是嘴上说出来的，而是通过具体的行动表现出来的。事实胜于雄辩，行动优于言语。看待一个人，首要的并不是看他能力的高低，而是责任心的大小，以及是否有担当精神。有责任心的人，方可委以重任，方能做得成大事。

这样的人往往人缘都很好，运气也不会差，很容易得到上级领导的信任，朋友的信赖，社会的认可，大家都喜欢和有责任心的人相处，因为踏实、靠谱、放心。

有担当的人，都是严格要求自己的人，他身上的责任感使他比其他人更加自律克己，久而久之，形成了自己的行为准则，也是成就他入围成功人士的通行证。担当，使我们对抗欲望与惰性，更坚定更有底气地面对生活的艰难。有担当的人都会在绝望时给自己找到机会，它是一个人的精神顶梁柱，它是一个人最好的财富，是巨大的无形资产，会给人带来意想不到的收获。

现在的年轻人做事虽然目标感很强，但意义感很弱，这种缺乏内在精神支持和持续力量的枯竭，使他们疲惫不堪，但又无法停下脚步，无法为自己留下反思和驻足的空间。社会虽然有内卷化现象，但内卷却不是这个社会的全部。这个世界还有大把有价值和意义的事等着我们去拼、去闯。

学生时代的我们为了过上更自在的生活，悬梁刺股，一路奋进，才走到了现在，躺平？又如何对得起自己。何况，这个世界充满机会，我们更需要担当，无论是对个人，还是对社会，有担当，才能实现自己的价值。

无论是刚刚走出校园、正在创业的路上，还是可以在事业中独当一面的人才，你们未来的路很长，岔路很多，荆棘、沟壑遍布，在无数的诱惑与不断的选择面前能抵达理想的终点者是少之又少。这需要坚定的理想信念做引导，"不投机取巧"不应该仅仅是给商业战场中的人的寄语，更是希望你们志存高远，奋勇拼搏，心怀家国。我们这个国家经历了太多磨难，直到今日，也在受外来国家及环境的打压与影响，正值伟大复兴之际，我们太需要肩膀和脊梁了。

中国过去的几十年迎来了经济的飞速增长，这有一部分是建立在西方二三百年技术积累的基础上的改良和调整。正是融合了西方的技术、产品、管理方法，我们有了赶超式的发展、超常规的提升。但是，相应的，我们也受到西方思维的渗透、侵蚀，西方的商业文明注重个人享乐主义，更倾向于"阶段性、毁灭性的灭绝"，无论是从他们的宗教、霍金的预言，还是灾难片、科幻电影中都不难发现这个思维。这是一种阶段性爆发的享乐主义。而中国的文化恰恰相反，我们信仰的是世代相传的"香火文明"。

在中国人的内心深处传承、延续与代代相传是永不枯竭的希望，也正是因为这种思维方式，我们的民族文化才传承了几千年至今还屹立不倒。在中国人眼中即便前方长路漫漫，也遍地都是温暖的阳光与未来可期的希望，任凭眼前挡在路上的是一座座高山，一条条大河，在中国人看来，办法总比困难多。愚公移山的故事，表现的就是我们中国人面对困难、面对未来时一种希望延续的信仰。

中国的成功哲学是每个企业及个人必须具备的专业素养，它是可以保持一个人长期良性进步的核心精神，而对中国的传统文化和古老智慧我们已经缺席和遗忘的太多太多。读者们，对金钱和权力的无止境渴望并不属于你，只有对文明和文化做出贡献的愿望才属于你！这是你对自己的人生、自己的事业，以及我们的国家的担当与使命。

担当，它传递着一代又一代人的理想和价值观，我们要把精力投入那些代表未来、带来美好和美好精神和能力上，不断锤炼，不断精进。担当，不是若隐若现的烛火，它是在黑暗中照亮人们前行的灯塔。唯有不灭的灯塔才能鼓舞你，引领你到达理想的终点。

让知识成就经历，让经历成就认知，让认知成就胆识。我们生而为人，理当有肝胆、有作为、有担当。担当和作为是一体的，不担当就不会有所作为，想有作为就要有担当。做人做事总是有风险的，但这不应是我们逃避的借口，正是因为有风险，才更需要担当。想要铸造成功的人生，要敢于担当，不避风险，不惧非议，奋勇前行。

当下，我们处在前所未有的变革时代，做着前无古人的伟大事业，在企业经营与事业突破中会遇到很多问题与阻力，这些往往都无先例可循，需要我们探索新路径、尝试新方法，在这个过程中难免会遇到困难，难免出现难以预料的风险，如果一遇到困难和风险就戛然而止，那将永远无法迈上成功之路。在矛盾与冲突的时刻敢于挺身而出，在危机挑战面前敢于迎难而上，方能蓄积敢为人先、勇立潮头的闯劲，领头向前、势如破竹的拼劲，砥砺奋进、百折不挠的韧劲。

想要有所作为，就要身怀民族使命、热爱我们的祖国、传承我们的文化，这会激励你有作为、敢担当。请坚守心中的骨气、干劲，破风而行，挡住风浪，没有战胜不了的困难，更没有实现不了的目标！

第六章 使命的意义

第一节 是否敢于逐梦，是人与人之间的本质区别

梦想，想梦，这两个字只是位置的调换，却意味着不同的境界。

伟人之所以伟大，是因为他与别人共处逆境时，别人失去了信心，他却下决心实现自己的目标。那些拥有梦想的人，无论何时，都会努力向前。

什么胸怀大志、追逐梦想，有人不以为然，他们应付日常生活已经焦头烂额，哪有时间和心情去谈理想、谈抱负这类他们认为假大空的话。

然而，一个人想靠自己的实力去创造美好的人生，第一步要做的是应该拥有一个"稍微大一点儿"的梦想，拥有超越自身实力的愿景。就我自己来说，推动我到今天这个位置的动力，是我多年前心中怀抱的远大理想和极高的目标。

很多人知道，从一开始从事这一行业起，我就立志"要让启言企业成为世界知名的中国企业家的孵化摇篮"。在企业成立初期，在这一领域，我们没有前辈的经验可供借鉴，没有明确的战略计划，资源和人员都不齐全，甚至有人投来了质疑和蔑视的眼光，在外人看来这不过是一个不自量力的梦想。但是，我并没有放弃，而是一步步凭借自己的努力和身边人的帮助一路坚持，不断积累实力，砥砺前行，在我们的持续努力下，终于开花结果。

无论梦想多么远大，如果没有强烈的意愿也无法将其变为现实。梦想往往是自己发自内心的一种愿望，是来自灵魂深处的呼唤。梦想是生活的一部分，不需要它带来财富和名誉，也不以它为职业，但它会给你带来源源不断的动力和不屈不挠的韧性。只要内心极度渴望，一定可以"心想事成"。

把愿景反复地在头脑中呈现，直至融入血液，深入骨髓，把梦想与自己合二为一，是梦想成真的前提之一。事实上，一切成功人士都是这么做的，结果就是他们都将梦想变成了现实。

梦想不是欲望，欲望里只有自己，而梦想的世界里有别人。一切成功的人，一开始的梦想里都不是单一为了自身利益，更多的是为了追寻那些超出物质世界以外的东西，可能是某个事件、某个理念、某个人或是某种状态。

逐梦的过程，是挖掘与实现人生价值的过程。我们不是与生俱来的什么都会，都清楚该做什么，很多事情只有在逐梦的过程中，才会有所触动。

我们每个人都有自己的"价格"与"价值"。价格，是满足技术需求和生活基本需求的定价；价值，是蕴含了一种精神意义和个人价值的体现，往往无法定价。一个人的价值需要通过做事来体现，普通人做事往往是为了混口饭吃，社会以他能为之提供的"价格"付费，而有梦想、有追求的人做事，往往极为用心，极致完美地做自己热爱的事情，这时，他做的事情会有一种说不出的神韵和精神意义，于是他成就了自己的价值。

在日本，有一位"五星级擦鞋匠"，叫源太郎。源太郎初中毕业后为了糊口，曾经到处打零工。偶然的一天，一位客人让他帮自己擦皮鞋，源太郎认真地帮他把皮鞋擦得锃亮，最后得到了丰厚的小费。从这以后，他决定把擦鞋当成自己的事业，他的梦想是：成为世界上优秀的擦鞋匠！

为了这个梦想，他先是花了三年的时间遍访了所有手艺好的擦鞋匠向他们请教。同时，他根据别人的经验和缺点，总结出了自己独特的擦鞋方法。他不仅追求把鞋擦干净擦亮，还认真研究皮鞋，努力做到精通皮鞋的类型、质地。每有新款皮鞋上市，他都要去买一双亲自感受。尽管源太郎擦鞋的收费不低，也有不计其数的客人慕名而来。

源太郎出名了，他成了希尔顿饭店的"定点擦鞋匠"，希尔顿饭店负责人赞扬源太郎是"五星级的擦鞋匠"。他的手艺异常受欢迎，连日本前首相以及日本财界大亨等著名人物都成了源太郎的常客。他成功地将自己产品的"价格"升华为了"价值"。

梦想，可以支撑你走过艰难的时光，它会加持你的能量使你坚持下去。

追梦的路上充满艰辛和困苦，然而为了到达梦想之期，这些荆棘是你必须要面对的，你遭受的失败和打击也是你不得不为梦想付出的代价。但是这些都不可怕，因为当你为实现愿景力量足够强大，有正面思维意识时，眼下的这些泥泞不过是过眼云烟。因为只有不怕付出代价、敢于向自己的理想迈进、善于突破自我的人，才能最终实现自己的梦想。

小米的雷军，18 岁考入武汉大学，大一时，一个非常偶然的机会，他在图书馆看了《硅谷之火》一书，讲的是乔布斯这些硅谷英雄创业的故事。

看完这本书，他的内心像是有熊熊火焰在燃烧，激动得好几个晚上没睡着觉。睡不着的夜晚，他在体育场上走了一遍又一遍，心情很难平静，然后他下定决心：日后一定要干一些惊天动地的事情，一定要做一个伟大的人。

他的优势是：比同龄人更早地确立了人生梦想，并且付诸实际行动。确立梦想后他告诉自己：一定要脚踏实地地做些改变，要真真正正地做出成绩来。于是，他的第一个目标是：两年内修完大学的所有课程。

他放弃了娱乐，别人出去玩，他在宿舍学习，日复一日地坚持。功夫不负有心人，他用两年时间修完了大学课程，几乎拿下所有的奖学金。

茫茫人海，大千世界，世界上的许多人都想着改变世界，却罕有人想着如何去改变自己。其实这样是不对的，长此以往，我们无法进步。

人的思想不同，所以对这个世界的看法也不同，积极主动的人会在每一次失败中看到一次机会，而消极的人在每一次失败后都会忧患与退缩。面对未来的困难和挑战，我们应该时刻明白，梦想可以被提升为热忱，毅力可以磨平高山，不要总是为失败寻找借口，不要因为害怕失败后的脸面或是负面心情而选择放弃。每个人都很优秀，与成功的人对比，有时只是缺少了那股劲儿——那种对梦想的执着，对信念的坚持，对人生价值的渴望。

有人问我，"梦想"具体是什么？其实很容易理解，梦想就是某种欲望和对理想的执着，并且可以凭借这股"欲望"，坚定自己的毅力去战胜成功路上的一切坎坷的那份信念。

梦想需要用实践证明，我们更要对自己的梦想负责。

走出舒适的生活圈，是为了磨炼自我；放弃安逸的工作，是为了在自己热爱的领域中获取成就；舍弃恬静的生活，是为了使自己朝着最终的目标不断迈进。如果你害怕为此白白努力，害怕付出代价，那么就等于白白放弃了梦想。一个真正的理想主义者是不可能停止追寻梦想的，自我驱动型的理想主义者永远都在前行。

一个人，如果不认命，就得去拼命。等到自己足够优秀，你才有底气告诉自己：我配得上这世间所有美好。学会严格要求自己，无论现在的你是什么样，将来的自己终究会是更好的自己。活着的意义并不是衣食无忧，而是拿出勇气不断突破，去尝试未曾尝试过的人生。即使生活使你卑微到尘埃里，那也要从泥缝中发出芽来坚强地活下去。

我们常常会对超级英雄产生崇拜和向往之情，其实是他们唤醒了我们心中的某种共鸣，是对心中那个还有梦想的自己的喜欢与憧憬。只不过随着岁月流逝，有人选择了不去相信，有人选择了仗剑天涯。

人生的意义，并不在于拥有了什么，而是在努力争取的过程中收获了什么。

你的梦想，就是你的天涯，是你永远不会被打倒的底牌。

我们并不知道在努力之后是否可以达到想要的结果，但是如果选择放弃，我们绝无可能等到命运改变的一刹那。所以一定要有信心、有勇气去面对未知的恐惧，敢于挑战未知的难题。只要内心存有对梦想的渴望，世上便没有什么可以阻挡你前进的步伐。

我们初来这个世界如一页白纸，之后的每一个选择铸就了如今迥然不同的处境。沟潭之水，凝滞沉闷，飞瀑之流，奋迅高亢。同是为水，性却异，前者满足安逸，后者进取不已。我们对待人生不同的态度决定了我们不同的人生轨迹。

梦想，一个足以让人为之振奋，并为此而孜孜不倦地去努力，它总是有足够的资本，让人拼尽全力地去追逐。

有人说，不靠谱的梦想便是妄想，而对于痴心妄想，便是永无可能，那不如趁早放弃。

当你五音不全，却梦想着成为一名歌手；当你学习成绩并不是很优异，却梦想着考上哈佛、剑桥；当你一贫如洗，却梦想着拥有豪宅、豪车；当你本身的一切条件都不是太好，你却总是有一个看似不可能实现的梦想，有人笑你白日做梦，有人笑你痴心妄想。

那么，请坚定自己的梦想，坚定不移地去为自己的梦想努力。不必在意别人的嘲笑和讽刺，因为没有人可以预见未知的未来。即使最后你的梦想没有实现，但追逐的过程一定是有意义的。

一个人努力的意义不在终点，而在于过程。或许最终没能实现自己的梦想，却在追逐的过程中实现了自身的价值；或许寻找的东西，在逐梦的路上已经出现；或许它是一个不靠谱的梦想，但却是你真真实实喜欢的事情，那么，一定要勇敢地去追逐，不必理会他人怎么说，因为只有努力了才不会后悔。

人这一辈子，总要为自己喜欢的事情去努力一番，总要为其执着一次，为其奋不顾身一次，哪怕它是不靠谱的梦想，至少最后你不会后悔。"梦想，还是要有的，万一实现了呢？"

无论年纪多大，我们仍需心怀梦想，在心中描绘自己美好的蓝图，无梦之人不会有创新与成功，他的人格与灵魂也无从成长。因为人格和灵魂只有在编制梦想、钻研突破、不懈努力之中方能得到完善。逐梦，是人存在的本质意义，是实现成功人生的跳板。为了实现自身价值而去努力的过程是多么神圣！有梦想的人，终将被这个世界偏爱。希望你也可以被这个世界所宠爱。

第二节　将热爱变为信仰

热爱，可迎万难。

热爱，是一种用心生活的态度，是珍惜当下所拥有的一切，是永远不放弃对美好生活的追求。

当我们真的热爱这个世界时，才是真正的"活"在这个世界上。

热爱是最清澈、最炽烈的情感，像火把一样持续燃烧，陪伴你走过生活的磨炼。将热爱变为信仰，成为我们心中的主心骨。顶级的人做事，都是为了追寻信仰，以此获取源源不断的动力。

世界上只有一种英雄主义，那就是在认清生活的真相后还依然热爱生活，仿佛在守护这个世界上最可贵的美好。

因为热爱，所以坚守

热爱的感觉，来源于对每一天的认认真真，生活中到处都是美好，一风一雨，一花一叶，不要辜负每一个太阳升起的日子，不要辜负身边的每一场花开，更不要辜负身边一点一滴的拥有，用心地去欣赏，去热爱，喜欢的事情及时做。

因为热爱，你才有好奇心、同理心、包容心，会有意志力，然后慢慢地沉淀，最终成为你的一份责任感与使命感，仿佛它已经融到你的骨子里，最后变成了陪伴你一生的信仰。

心有信仰气自华

做人终究还是需要有点儿信仰的，比如爱一个人，比如热衷于某件事。为此而去充满希望地追逐，从皮至骨，从生到死。不求能风光与共，或如江河壮阔，只愿能在乱世春秋中，沉默地企望。

信仰是人类生存的根基，它使我们清晰地明白生命的真相和美好，是我们脱离空虚、世俗、卑贱，持守生命中的神圣，使我们有面对生命和死亡的力量。无论是做企业、创业还是发展事业，无论年纪大小，想要有所成就、有所作为都需要信仰的支撑。

用信仰来约束自己，用信仰去造福一方。一个有信仰的人，他的成就绝对与众不同；反之，一个人若没有信仰，很容易放飞自我，那就是失败的开始。

信仰是爱的力量，所以，想要有信仰，先要真心去热爱：真心地把事做到极致，你要对事情负责，对目标负责，更是对自己的梦想负责。不应为了做事而做事，而是为了让它变得更美好去用心钻研。因为它是你的作品，是你的产物，是你的使命和情感的贯彻始终，这就是那一份信仰，一份热爱。

大智为信仰，中智为克己，小智为财奴。

真正大成的企业家有极强的信念，遇到困难时能积极地直视困难，并把困难当成磨刀石，这样哪怕就是在生意不好做的时候，也不会怨天尤人、抱怨环境，更多的是不断地反思自身，他们用信仰指引来路，用意志力驾驭人生，这就是我们常说的优秀的企业家精神。但它并不只局限在企业经营者身上，也同样适用在我们当下的每一个年轻人的身上，严于律己，忠于本心，坚定信念，是我们一生要秉持的精神。

"生，亦我所欲也；义，亦我所欲也。二者不可得兼，舍生而取义者也。"人有了信仰才会拥有前进的动力，才会拥有奋斗的目标，才能实现自己内心所想。即使肉体被毁灭，灵魂也不会感到空虚。请珍惜岗位，努力工作，热爱生活，把事业当作自己的信仰。

一个人有了岗位，其聪明才智才有机会得到发挥，其奋斗目标才有机会实现。每个人在漫长的一生中，大部分时间都是在工作中度过的。可以说工作岗位是人生价值体现的支承点，是实现价值的基本舞台。珍惜岗位才能有良好的心态，把工作做得尽善尽美，进而提高自己的人生价值。

当下的社会中，很多人对待工作都是应付了事，这是多么疲乏、单调、无味，很多人的心中时时刻刻都被各种痛苦吞噬，早已没有了年少时的闯劲儿和热忱。但是，我们可以在当下做出选择，我们应留住最初的信仰，重新审视脚下的道路。那样，才会有反思的空间，进步的机会，并且勇敢地跨出每一步。

"雄关漫道真如铁，而今迈步从头越。"新时代下我们这一代人的"长征路"已然开启，面对激烈的竞争、瞬息万变的社会环境和商业市场，不要被外在的事物迷惑心灵，无论何时都要有坚定的信念，秉持自己做事时的初心，这样才能心无旁骛、气质自华，使自己的人生之路行稳致远。

第三节　使命成就永恒

我们每个人都带着使命来到这个世界，还来不及睁开朦胧的双眼，流下第一滴泪水，就已经不容推辞地全盘接下了生命这道庄严的考题。生下来，活下去，看似简单，却恰恰是人生最大的智慧，它不仅考验着你的心智，更期待着你的善良。

生而为人，谁不想活得潇洒？谁不想出人头地？但是，生活毕竟不是一纸想象，它所要面对的实在是太多太多。更多的时候，它就像时下流行的游戏，总会在冲关的当口给你设下重重障碍，让你提心吊胆，让你不敢懈怠，让你在攻坚克难之后，如释重负，让你在酣畅淋漓之余，笑得开怀。

当然，有人顺利过关，有人败下阵来。过关的人沾沾自喜，自不必多言，那落败的人也毫不气馁，因为失败又如何？不就是为下一次的冲关积累了经验，不就是从头再来一次吗？如果换个立场，把这种思想用到人生当中，这，又何尝不是一种领悟？

我们受苦的根源，就在于看不清楚自己到底是谁，而是盲目地追求原本就不属于我们的东西。执念与困惑，永远是阻挠我们前行的绊脚石，是必须甩掉的沉重包袱。山重水复疑无路，柳暗花明又一村。真正坦荡的生活，不是狂热地追求晋升，加薪，买豪车、买别墅，而是在生活与工作中寻得进步的乐趣，在生存中寻找最终的价值。真正幸福的生活不是孤立地活着，而是找到你的所爱和同样爱着你的人、事、物，相互成就。

这个世界是上天给你最好的礼物，所有发生在我们身上的事，其实都是一件包装好了的礼物。不管精美还是丑陋，只要我们有足够的勇气和耐心，一层一层地拆开丑陋的外壳，丢掉破败的残絮，我们会发现，里面珍藏着的，是生命的惊喜。

让初心保鲜，让使命永恒。

每个企业、每个人都渴望成功，都渴望受人仰慕、受人尊敬，但是真正能做到的确实寥寥无几，而那些做到了的企业家与创始人都是对事业有着强烈使命感的人。

因为使命是一个人志向的综合表现，它是追求，是责任；它体现着一个企业的觉悟和境界。创始人的使命，决定了企业的寿命，使命感无法被教育出来，它是内在的，不是外部强加的，它是一个企业的精神和灵魂。我们有什么样的精神，有什么样的认知，就会拥有什么样的行为，最终能创造怎样的事业。那些在我们看来非常重要的成功因素，都与企业和组织的使命有着密切的关联。企业家是企业和品牌的灵魂和心脏，你们的使命感决定了企业的发展与未来。

企业家的眼界就是企业发展的边界，而眼界来自心灵，有怎样的心灵就有怎样的认知。一个企业家有多高的追求，就能看到多宽广的世界、多遥远的未来。而只以自己的发家致富为使命，就只能看到自己的利益。

使命是决定企业生命的基石，当一件事物的使命完成了，它的"生命"也就结束了。这也是为什么当下无数的公司、品牌，乃至企业的寿命如此之短，因为当创始人把公司的目标、愿景、使命，定义为以利益为核心的战略方针时，早已为时已晚，想要在市场的红利下割一波韭菜就走，岂不知，自己的企业才是中国商业市场环境下"被割的韭菜"。

以推动产业的发展为使命，就会看到整个产业的变化；以推动社会进步为使命，就能看到整个社会的发展趋势。

使命可以明确方向，是指引企业良性前进的风向标，为企业的发展指明方向。对企业而言，正确的方向比具体的目标更重要。那些优秀的公司，世界五百强的企业，往往更明白使命对企业发展的影响。

他们有清晰的企业使命指引着公司前进，他们不在乎一时的得失。而那些短命的公司，往往嘴里说的是目标宏大，而长期发展中面对无数的诱惑和阻力时，无法做到坚守本心、牢记使命，在发展方向上不断调整。他们没有明确的企业使命来指引方向，他们仅仅是市场的投机者，而不是贡献者。

　　"立志言为本，修身行乃先"，意思是：树立志向，需要以誓言为根本；修养品德，应该以行动为先导。立志犹如立誓，不仅口头上有豪言壮语，更要在实际行动上有切实履行的决心；修身则当践行，不应仅止于闭门思过，独自忏悔，更需求务实地实践，通过生活与工作，磨炼意志，强健体魄，建树功业。立志是意识和认识，是决心和勇气，修身是我们在工作和生活中逐步地执行，在日积月累地处理复杂矛盾中磨炼出对他人及社会的责任与担当。

　　古之立大事者，不惟有超世之才，亦必有坚忍不拔之志。立志要有志气，有使命，有雄心壮志。"志不立，天下无可成之事"，立志是成功之路上的动力，是奋斗的目标，以及实现这一目标不可缺少的决心和意志。

　　使命是每一个人力所能及的崇高精神；责任是每个人肩负使命完成后应该承担的"代价"，修身是"德才兼备，修身养性"的一种精神文化。

　　我们每个人一来到这个世界上就注定肩负不同的使命。譬如人生起初阶段需要完成的学业；人生的起步阶段则是回归社会；人生末尾阶段那就是修身养性，共享天伦，这样看来也不枉费一生中的孜孜不倦。

　　职业没有贵贱之分，它是人的使命的体现方式，它是靠人类后天勤奋的双手创造的。要想取得事业的成功，必须吃苦耐劳，不计个人得失，付诸行动，这样在工作中才能有所收获。

百年征程波澜壮阔，百年初心历久弥坚。我们的国家从诞生之日起，就肩负起了争取民族独立、人民解放和实现国家富强、人民幸福两大历史任务。一百多年来，我们党团结带领人民进行的一切奋斗、一切牺牲、一切创造，都是在践行为中国人民谋幸福、为中华民族谋复兴的初心使命；我们之所以能在现在这个年代赶超许多国家，不断提升人们的生活质量，其根本原因就在于坚持初心使命，矢志不渝、坚定如磐。

鉴往知来，向史而新。今天，我们比历史上任何时期都更有信心和能力实现中华民族伟大复兴的目标，这是历史的责任、时代的呼唤。我们生活在这个时代，更应坚定信仰，为自己的人生、集体的利益、企业的发展、社会的进步做出最大的贡献。这是我们永恒的课题，也是各领域精英、领袖、贡献者共同的责任与担当。

第四节　一切存在皆有价值

青青翠竹，皆是般若。

世间万物存在于这个世界上，都有其存在的价值，都在出演着各自的角色。即使是一个小小的石块，也是构成宇宙不可或缺的，再渺小的东西，如果缺了它，宇宙便不再是宇宙。哪怕是一颗小小的螺丝钉也有其存在的意义，只是看它用在什么地方，但这并不能否定其价值。

我们所有人都被赋予不同的作用，扮演着自己的角色，可以说，每一件事物都有价值，每一个微小的事情都有其存在的意义。

很多人经常会问自己："我的价值在哪里？"这里简单谈一下我对价值的部分理解。

价值，就是你的功用。所谓功用，就是你的功能 + 用处。你一生中释放的功用的累计就是你人生价值的体现；你出现时对身边的事物、他人、环境输出了多大的功用，决定了你的价值高低。

我们身在社会，需要随时切换不同的身份和角色去应对不同的情景，这时你的功用也会随之转化。切换得越自然、越熟练、越得心应手，越能更好地输出价值，更好地利他，从而获得属于你的回报。万事万物皆有所用，万事万物皆为我师，当你的出现可完美地诠释你的"功用"时，你将会更好地驾驭"万事万物皆为我用"这个境界。

世上不缺乏美丽，只是缺少发现。

一切都是上天给你的礼物，即便是失败和打击，也是为了磨炼我们的意志，提升我们的实力，必须要经历的。它们的功用就是为了成就未来强大的我们。

但是，普通人常常被情感所困，被情绪淹没，入戏太深，在自己的角色里不能自拔。

世上任何事物的存在都有其必然性和偶然性，但因为"小我"意识太重，思考问题时就会带有一定的局限性，学会放下"小我"，用利他、包容、珍惜的心态去看待这个世界，去审视自己的不足，提升自己的功用，那时你会发现世上根本没有困难的事情，只有微小的意识和格局，因为认知不够，视角不对，而深陷其中。

世上的一切带给我们一次次历练，我们从中得到教训，反省、修正、感悟、通透后豁然一笑，感恩万物，然后再继续整装前行。它们在不厌其烦地打磨我们的心灵，帮助我们变得强大。

要想真正展现一个人的价值，首先要认可世间万物的价值，真诚地接受与热爱它们出现的意义，然后再用这样的心态去要求自己，成就自己的人生。人的一生，在于生活中一次次的发现与灵魂上的升华。

清乾隆年间，南昌城有一家点心店，店主叫李沙庚，以货真价实赢得顾客满门。但其赚钱后便掺杂使假，对顾客也怠慢起来，生意日渐冷落。一日，书画名家郑板桥来店进餐，李沙庚惊喜万分，恭请题写店名。郑板桥挥毫题定"李沙庚点心店"六字，墨宝苍劲有力，引来众人观看，但还是无人购买。原来"心"字少写了一点，李沙庚请求郑板桥补写一点。但郑板桥却说："没有错啊，你以前生意兴隆，是因为'心'有这一点，而今生意清淡，正因为'心'少了这一点。"李沙庚顿悟，才知道诚信经营的重要。从此以后，痛改前非，又一次赢得了人心，赢得了市场。

用心，才能发现美好，才能创造价值。用心，是一笔无形资产，是一笔不可忽视的巨大财富。对企业、商家而言，修正自己的心是事业可以持续向好发展的关键。

它的价值在于，对内，对你自己，你要敢于正视自己的不足，放下"小我"，为了更有意义的目标自省、自律，并持之以恒；对外，你对员工、集体、对这个社会有使命与担当，为社会及国家贡献价值。

这样，无论面对再多的艰难困苦，你都有坚持下去的理由，黑夜中心中的灯火一直亮着。

万事万物来到这个世界上，都有其存在的意义与价值，我们要善于发现。每个人在这个社会上都有属于自己的位置与角色，我们要有明确的定位；只有找到自身存在的意义与价值，才能不辜负生命的馈赠，将你的价值更好地带入集体使其发光发热。

第五节　拥抱世间的美好，走向成功的未来

世间万物包罗万象，我们身边的一切事物都是不可缺失的美好，是大道宇宙的重要组成部分。一粒沙中有三千大世界，即便再微小的事物也同样反射着太阳的光辉。

世间一切，都是一场遇见。就像，冷遇到暖，就有了雨；春遇见冬，有了岁月；天遇见地，有了永恒。因为遇见，美好诞生。

人活到极致，能以清静之心看待世界，以欢喜之心工作生活。

今天来给大家看一组数据：

00 后——58+ 年 =21170 天

90 后——48+ 年 =17520 天

80 后——38+ 年 =13870 天

70 后——28+ 年 =10220 天

60 后——18+ 年 =6570 天

50 后——8+ 年 =2920 天

我们总以为自己还有大把时间可以肆意挥霍。手机没电了

可以再充，汽车没油了可以再加，但我们的人生却不会再来！所以请别把时间浪费在争吵、道歉、伤心和责备这些无用功上，请用心去奉献，去感知世界的美好吧！

人活着，不仅仅只是图酒足饭饱，或那点可怜的感官刺激，我们与动物的本质区别是可以不断成就自己的精神世界。为什么当下很多人会对生命绝望，会对工作失去信心，找不到自己存在的价值，失去人生的奋斗方向？选择做宅男宅女整天日夜颠倒地打游戏刷抖音，疯狂地追求金钱与权力，用看似丰富的物质世界去麻痹自己的心灵，久而久之丧失了作为人的意识能力，无法真正感知生活的光亮美好。

积极向上地生活与工作，心怀感恩与包容之心，真诚地反省，严格律己，不断地磨炼心志，提升个人价值。从某个意义上来说，就是生命的意义。

一直以来，我都认为中国人肩负着艰巨的使命与义务，我们中华民族拥有上千年的文化和智慧，我们使用的文字、思想、语言、知识，都承载着古人对我们的寄托与期待，决定着中国的发展与未来。也正因为如此，作为中国人的我们肩负着极大的担当和任务，我们应该认知到这个任务，要看清自己的使命，尽一生的努力去成就自己的梦想、传承民族文化。为了让梦想变为现实，我们别无选择，只有努力精进，奋斗拼搏，让自己的一生留下价值。如果问，人为什么活着？中国人又应如何活着？我想这就是答案。

一个人自我精神层面的狭窄会约束行为，坐井观天的人就是思想坐牢的人，圈地为牢无法前行。让你的心安静下来，多去读书，多去经历，打开眼界，拓宽认知，去看天外天、人外人，在意识上穿越时空，与这个世界对话、交流。握住先贤成就帝王霸业的手，与他们在精神层面对话与沟通，感知他们开创世界的盛世气概与眼界，学习他们君临天下的宏伟胸怀与格局。

越是普通人越喜欢以貌取人，而越是高阶的人，越欣赏睿智精干的思想。世上最廉价的东西大概就是一贫如洗的真心和一事无成的温柔。很多人年少时培养兴趣爱好是为了将来大展宏图，但是，到了中年，并没有想象中的那般实用，因为，外物无法满足内心的真正渴望；只有自己内心的绽放才是幸福感的真正来源，不要让自己的心被贪婪与私欲弄脏，保持一颗干净的心灵，简单点儿，认真地去拼搏一番，去热爱这个世界。我们来时一丝不挂，死后也什么都无法带走，还有什么可畏惧的？背上自己的信仰和使命前行，去路途上遇见属于你的锦绣花坛。

余生，靠自己

别把最好的时光浪费在无谓的等待与犹豫不决中。留几分淡定从容，以一往无前的姿态，一步一步，向阳而生。

怀抱梦想和信仰，奋勇拼搏，是我们这一代人的使命。挖掘自己的价值，为了家庭、社会变得更加美好，让我们的国家和民族可以昌盛不息。我相信，这种复杂又厚重的情感与精神是成就一切伟大成功背后最后的一张"底牌"。

先让自己拥抱世间的美好，接着，尽己所能承担更重的使命，这是作为这个时代下的中国人应该做的正确的事情，以正确的执行方法贯彻始终。我相信，当你有了这样的"底牌"时，一定能迎来璀璨夺目的未来。

愿在有限的生命能量里，你我都能天高地阔，大有作为！

下 篇
从青铜到王者的蜕变

第一章　成功的秘密

第一节　修炼内功

强化意识力量是实现人生梦想的关键

一个人能走多远，除了环境，也受自己内在力量的影响。你的"内力"有多强大，你便有多强大。一个人，如果与自己的内在、精神是疏离的，他就一直企图抓住外在世界的一切来填补内心的这种空虚感。

我们确实拥有越来越多的物质资源，生活条件也越来越好，可对很多人来说，内在的空虚仍然没办法停止。从外在物质世界找到的快乐，终究是短暂而肤浅的，它无法触及你内心最深沉的渴望与幸福。

当眼下的事物无法满足你的内心欲望，紧接着，你又去追求另一种看起来更能填补空虚感的事物，周而复始。但是，这真的是正确的办法吗？

其实，你真正需要追寻的，是你内在的力量。

思想主导着我们的行为，从某种程度来说，每个人的认知和思维方式决定着每个人的现状与未来。

每一个渴望成功的人，无论性别、年龄，都是意识世界极为强大的人。他们心中永远充满希望，热情积极，坚忍勇敢，有使命、有担当，并且他们通过这些内在的力量去严格要求自己，一步步地提升自己的认知和言行，指导着自己取得更大的成就。

内在力量：

你的一切想法

一切情绪

认知

思维方式

自信（自卑）

坚信（彷徨）

自由（迷茫）

使命

梦想

……人的能量随意识而动

人们总是忽略自己内心的潜在力量，过度受到外界事物对自己的影响；其实，想要对自己的人生做出改变，首先要改变观念，意识到自己心中具有某种力量，然后，通过训练，增强精神世界的这种力量。

内在力量实际上来自我们内心的觉醒，是我们与万物连接的起点，每一个人都有无限的潜力去实现自己的人生理想。

一旦你做出了决定，整个宇宙都会帮你去实现。

——拉尔夫·沃尔多·爱默生

修炼心法：

1. 内心世界，看不见摸不着，但是真实不虚，而且它的强大远远超过我们的想象，这个世界是由意识、思想、能量、规律等元素构成的不断运作的世界。

2. 你内心世界拥有无限的潜能，蕴含着无穷尽的力量与智慧，可以满足现实目标的一切需求，只是大部分人更愿意相信眼睛。

3. 当内在世界的积极、奋进、乐观、主动情绪，作用在物质世界中时，就会表现出优质的工作状态、良好的决策能力、积极的态度，通过正确的思维方式获得更多的点子，以及解决问题的方法等。这些是所有成功的必要根基。因此，要多多练习如何掌控自己内心的声音，控制自己的情绪和思考方式。

4.每一次"动心思"都是在启动你自己内在的力量（或正面或负面），然后它会影响你做决定，正面的心思可以帮助你挖掘更多机会和资源，负面的则容易使你错过机遇，或是判断失误。

5.认知，是你心中的一方天地。天地多大，看认知维度。提升认知维度，就是不断为自己打下更广阔的"江山"。

6.当你一旦认知到意识世界所蕴含的巨大力量，并能运用好它时，你便会控制自己的思维，调控自己的行为，从而让你的行动更加符合成功的目标要求。

7.内在世界与外在世界相辅相成。物质世界可以提升我们的意识高度和认知维度，同样，内心世界也影响着我们接触的外物的变化与发展走势。

8.想要改变生活，要从改变意识开始，如果只是试图从物质世界去调整，去寻找真相，一切都只是徒劳，只能解决某些表面问题。

9.你一旦领悟了这条秘诀，便懂得对自己的意识加以控制，你也可以使你的生活与工作变得更加顺利和谐，换句话说，你就可以对那些现象和规律融会贯通，并融入自己的行动中，到了那时，即拥有了做到万事万物为你所用的能力。

对比不同人的内心世界：

王者的内心世界	青铜的内心世界
● 相信内心世界的力量	● 相信眼睛，相信眼见为实
● 不断努力打磨自己的心灵的力量	● 对意识力量没有认知
● 严格把控自己的意念和情绪	● 无法管理自己的情绪与想法
● 有意识地用内心世界影响外界事物	● 选择"先看到，再相信"
● 注重内在力量的"保养"，保持积极乐观的心态	● 爱抱怨，消极，被动，怨天尤人
● 认知到外在事物受内心世界的力量所影响	● 走一步算一步，不去运用心灵的力量
● 我要创造美好人生，主动把控事件的发展趋势	● 人生种种不幸发生在我身上，我太惨了

第二节 "发育"你的思考力

"把一头大象装进冰箱需要几步？"

第一次看到这个问题，你会怎样想？

为什么要把大象装进冰箱？上哪里找这么大的冰箱？

经过种种思考之后，你很有可能给出这样的答案：这根本不可能！

换个角度，这个问题的答案其实非常简单，把大象装进冰箱只需要三步：

第一步，打开冰箱门；

第二步，把大象装进去；

第三步，把冰箱门关上。

"大象"的问题只是举个例子，为了验证普遍存在的思维模式，普通人习惯用常规思维思考，强者不按套路出牌。

很多人看到答案后后知后觉：就这么简单？没错，就是这么简单。你之所以没有想到，是因为你的固有思维束缚了你：冰箱比大象小，所以根本没有办法做到。但是，题目本身并没有对冰箱的大小做出限制。

举"大象"这个例子是为了验证一个思维盲区。

从某种意义上说，思维方式可能影响到一个人的发展轨迹。因为刚刚说的内在的力量直接作用及影响外界事物，而思维方式恰好是决定事物如何发展的关键，所以，想要成功，必须先"发育"思维力。

发育心法：

1. 思维，是人脑对信息有意识的反映，是把从外界接收到的信息经过加工处理、升华提炼，最终形成的认识或看法的全过程。

2. 思维的过程，是一个有意识地、主观地对信息进行加工处理的过程；是你的主观意识和认知决定了你的思维方式段位高低。换句话说，思考力，是通过你以往做事的经验，所积累的认知，以及对信息的分析的综合实力展现。所以，切记，千万不要像很多人一样，潜意识里拿着过去的船票登今天的客船。

3. 你的思维方式，是你的机会，也是你的瓶颈，不要败在自己的想法上。

4. 四个盲人想知道大象长什么样子，于是一直用手摸，但都只在摸到大象的某一个部分时就对自己印象中的大象下了结论，因此闹出了笑话。

5."上帝"眼中，很多时候，我们与盲人没有区别。

6.狭隘的认知，会对"自以为"已知的事物形成归纳总结般的看法，这会固化你的思维；有些人会根据以前对类似事物的看法，有些可能是自己的见闻，还有一些是间接获得的信息，简单地总结出自己的定义，给事件或当事人贴上了"自以为"的标签。

7.这波操作看似简单省力，但是会弱化你的思考力，固化思维模式，时间久了会养成一个习惯——不经过深入思考。然后，再将自己的言论扩展到群体中去，把这种狭隘的认知标签广而推之；久而久之，身边人都失去了对新鲜事物的探索欲、谦卑心、辨别能力以及对事物深层思考的能力。

8.所有成功的人，都善于思考。

9.想要摆脱贫穷，必须从内到外地去改变，首先要做的就是"发育"自己的思维模式，采用正面、积极、乐观、开放的思维；放弃停滞、消极、懒惰、负面的思维方式。

10.先发育！只有真正改变内在力量，才能改变外在事物的结果。

11.拥有一个健全的思维方式，前提是对世界万物有一定的认知，认知得越深刻，得到高阶思维能力的可能性就越大。

当思维方式开始不断成长且正向转变时，你会拥有一个新的视角去看待这个世界，然后发现这个世界也因为你的变化而变化。其实，这个世界并没有为难我们，是你的心让你活得拧巴。

下面分享几个成功的思维方式：

招数一：借力思维

"君子生非异也，善假于物也。"——君子善于借助外物。

优秀的人，更懂得与人合作，善于假借外物，最终事半功倍，达到目的。

刘邦曾说过：在帷帐中运筹策划，决胜于千里之外，我不如张良。镇守国家，安抚百姓，供给军粮，畅通粮道，我不如萧何。统兵百万，战必胜，攻必克，我不如韩信。这三个人，都是人中俊杰，我能任用他们，这是我所以取得天下的原因。

我们不会游泳，可以乘坐轮船；我们觉得走路慢，可以坐高铁；当发现我们的能力达不到预期效果时，可以请专业人士帮我们做；我们想去的"目的地"，可以选择各种"工具"达到。

真正的成功人士，都具备极强的合作思维，思维开阔，包容万物，善于整合各方人脉和资源为己所用。

招数二：顺势而为

"与其用智，不如待时；与其待时，不如乘势。"

一个人的能力有限，如果无法瞄准趋势，与"势"合一，依靠个人能力很难取得巨大成就。要想成势，必须先会"合势"，看当下做的事情是否符合大趋势，是否天时、地利、人和。合适了才是真正的"合势"。

势，一方面是指内在的"势"，即个人天赋、实力以及某一领域的专业能力；另一方面是指外在的"势"，比如时代趋势、行业趋势。当下做的事情是否符合大趋势，既要符合自身情况，同时要符合外在趋势的要求；是否天时、地利、人和？"合势"了才是真正的合适。

雷军总结道："站在风口上，猪都可以飞起来。"那是因为他明白了这个道理，懂得与趋势合一，大山不向我走来，我向大山走去，于是小米有了令人瞩目的成绩。

一场东风，让诸葛亮不费吹灰之力便在战役中取胜，"顺势"在职场以及商业战场上的重要性不言而喻。古今中外，凡成大事者，必懂"势"的重要性。

招数三：多自省，少埋怨

王者不找理由，他们只找出路。

做人做事要有敢于面对自己的勇气，要有坦然面对自己的不足和错误的底气。那些强者，都"不要脸"；对自己的失败直言不讳，因为他们明白走过的弯路都是财富。

当认识到自己为什么会失败时，才有可能知道成功应该如何开始。

如果所有人都对自己的失败避而不谈，那真正可以供别人学习的东西就非常有限，马云就毫不吝啬地分享自己的理想和经历，包括失败，这说明他明白挫折和失败不可怕，可怕的是"有错不认"。

想要有所发展，一定要先"练出"反省的能力，给自己一个"内观"视角，让自己安静下来，坦然地与自己对话，败了就是败了，并不丢人。梳理思绪以后，重新部署，再来！

知命不惧，日日自新！

招数四：利他思维

弱者总想独占鳌头，强者总是相互欣赏；青铜只（能）顾自己发展，王者是团队作战。

当你舒服了，就一定有别人不舒服，到最后也得不到自己想要的，特别是在"甲方"面前。注意，这里的甲方，不局限在工作场合，可以是你的朋友、家人、导师、爱人、领导、下属、子女等。我所指的甲方，不以对方的身份地位为标准，而是精神财富、眼界格局、专业领域或物质财富高于你的一切人、事、物。

利他，就是你的一言一行要站在对方的角度去思考，是否符合对方的价值体系的标准。

成功的人，善于利他思考，先让对方舒服，再谈自己的诉求。反之，普通人用自己认为对方喜欢的方式做自己想做的事。这一点至关重要，几乎80%的创业者和职场人都在犯这个错误，就是不懂得如何换位思考，最后，自己做了很多事情，反而吃力不讨好。

利他不是单纯的自我陶醉，要百分之百以对方的价值需求为核心，就像《底牌》里说的，当你的出现不能给对方带来价值时，就没有必要出现，因为根本没有交换价值的基本条件。

下面我们回放几个企业失败案例：

第一个案例：诺基亚的误判

Google 发布 android 系统之后，积极地邀请诺基亚加入 android 阵容，在诺基亚的手机上运行 android 系统。但是，习惯了一切软硬件自己一手掌控的诺基亚，并没有接受 Google 的善意拥抱，转而决定和 intel 一起联手开发自己的 Meego 操作系统。

诺基亚失去了最关键的一次合作机会，没有善用"趋势"。

如果当时诺基亚接受了 Google 的提议，凭借诺基亚独步天下的手机硬件开发生产能力，和 Google 一起联手，做出一个新的高度也大有可能。

这个决定让诺基亚错失了和 android 一起抗衡苹果的机会，等到几年之后诺基亚再次决定回到 android 的阵容时，已经再也激不起任何市场浪花了。

第二个案例：成功者的盲目自信

诺基亚当年面临转型，新公司带来了新的想法和技术，诺基亚对其视而不见。他们认为没有人会是他们的竞争对手。在这种过度自信和无知中，诺基亚正在一步步把自己推向失败的悬崖。2006—2009 年，诺基亚公司内部的许多部门之间更是出现了问题，随后也没有适当地修复和相互协调。这种缺乏自我察觉和及时调整的能力引发了诺基亚更多问题的出现，例如高层管理人员的内部竞争。这些问题的影响虽不是直接导致诺基亚失败的原因，但它们却在诺基亚的垮台中发挥了重要作用。

品牌之所以会走入如此危机，核心就在于对自身缺乏反省的能力，以及对消费者缺乏敬畏心。

我们现在可以简单地把他们的思维进行对比与总结：

王者的思维方式	青铜的思维方式
● 期待遇到高手，君子之交，相互欣赏	● 唯我独尊，相互贬低
● 利益共赢，相互成就	● 自我保护，只想独赢
● 提升自身实力，带来更多价值	● 索取，只为挣钱
● 凡事总有转机，从另一个角度看看	● 这个不可能，换个事做做
● "我哪里做得不够好"	● 我过去很厉害的，我肯定没错
● 分析事物的本质规律，理解原理，举一反三	● 浅尝即止，只看到规则，被规则局限
● 站在别人的角度考虑问题，哪里做得不到位	● 以自我利益为中心，不接受反驳

第三节　识别机会的能力

机会面前确实人人平等，但是识别机会的能力不一定人人具备。

识别机会的能力不是人人都有的，因为认知不够，即便见到了贵人，也可能有眼不识泰山，错过机会。认知是决定一切的根本。富人谦卑，让自己认知更大的世界，遇到更多的贵人，时刻准备出手；反之，穷人更多的时候是因为没有识别机会的能力和累积自己实力的意识，所以与机会擦肩而过。

试想一下，如果今天某位领导到你的企业视察，并且安排了与你面对面交流5分钟，如何把握住这次机会，直接飞黄腾达？

我们对这样的话一定不陌生："如果当初……""如果这个机会给我，我一定比他们做得都好。""我只是运气差，想当初要是……"

那么，现在机会来了，它就在你面前，你打算如何表现？

把握住机会的前提条件：

积累实力＋识别机会＋永远保持备战状态

第一，不断积累自己的实力，不要临阵磨枪，也不要机会主义。

默默积累自己的能力，让自己的储备里有存货，时机到来的时刻才有"火药"去爆发。

在大机会时代，千万不要机会主义，要有战略性地做事。我们不要急于将新技术过快地推向市场，要储备实力，后发制人。这并不是懈怠，是我们在自己的领域里，修炼内功，积累力量，当抓住市场机会时，再有计划地出击。

第二，练出识别机会的能力。

贵人脸上没有"贵人"二字，专业面前人人平等，不分年龄、阶层、贫富贵贱。不以貌取人，要时刻有一颗谦卑的心，方便水往低处流。

识别机会需要具备高于常人的认知和魄力。很多人由于自己认知受限、思维局限，导致即使遇到机会和贵人也很有可能辨识不出来。

普通人看到的是问题，成功的人看到的是机会；人生最大的悲哀是因为自己的认知，导致有眼不识泰山，相遇而不相识，相识而不相处，相处而不相知，与贵人擦肩而过、失之交臂是最大的悲哀。

第三，永远处于备战状态，时刻准备着。

让自己时刻保持备战状态，不错失良机。

下面我们用一个案例来分析这个战术特点：

雅虎当年可谓是一代硅谷神话，活生生的美国梦代表。1994 年，斯坦福大学的两位年轻人，大卫·费罗（David Filo）和杨致远共同建了一个类似电话黄页的分类网页，用以存放二人喜欢浏览的网站地址。后来，他们将页面更名为 Yahoo，并成为无数网民上网必用的工具。

1999 年年初，雅虎以价值 35.7 亿美元的股票收购了线上虚拟社区 GeoCities——这是当时世界上流量第三大的网站。

2000 年，雅虎迎来了它最辉煌的时刻，当年市值一度高达 1280 亿美元，意气风发，然而看似稳固的帝国实则已隐约松动。

早在 1998 年，Google 的两位创始人就曾接触过雅虎，希望以 100 万美元的价格将 PageRank（Google 的雏形）出售，雅虎当时看不上 Google，就拒绝了这一要求。四年后，Google 崛起，雅虎立刻调转心意想要以高价收购谷歌时，却为时已晚，作为后起之秀的谷歌早已成熟，成长为与雅虎势均力敌的竞争对手了。

到了 2006 年，雅虎看到 Facebook 蕴藏的巨大潜力，意图收购，但由于自己难堪的财报状况，遭到扎克伯格的断然拒绝。后来，Facebook 也成了雅虎前进道路上的另一个强大对手。

你以为这就完了？雅虎在没有合理认知和备战心态的路上渐行渐远。2008 年，微软想拉雅虎一把，开出 450 亿美元的高价，希望通过两者的"联姻"，打击他们的共同对手谷歌，阻断谷歌在搜索引擎和在线广告市场上的垄断地位。然而，雅虎却自认为这个报价低估了雅虎的市值，又拒绝了微软的善意。

于是在 2016 年，美国通讯巨头 Verizon 宣布仅仅以 48.3 亿美元就收购了雅虎。这家互联网巨头公司，原本可以收购谷歌、Facebook 或与微软强强联手的雅虎，却最终惨淡收场，退出了时代的舞台。

雅虎为什么没落了？这跟它的创始人团队的想法有决定性的关系。第一，对时局没有清醒的认知；第二，没有分辨敌我的能力；第三，成功者的盲目自信。

善于抓住机遇的人能成功，善于创造机会的人必定成功。

成功需要机会，但拥有机会的背后需要付出巨大的努力和储备。看似云淡风轻的上位成功，背后是他们多年实力储备、认知高度、优异的智慧和高于常人的魄力。

王者的机会观	青铜的机会观
● 遍地的黄金，我要懂得如何获取	● 捂住自己的钱，怕被人骗了
● 不断积累自己的实力，不让机会溜走	● 哪有那么好的事情，再看看吧
● 机会很难得，一定要认真对待，不可大意	● 太冒险了，攒点儿钱不容易
● 身边有很多高手，都是我们的贵人和机会	● 不可能有机会见到王健林的，准备也没用，先做好眼前的事再说
● 对方说的我不懂，先记下来，回去思考一下，也许是我孤陋寡闻，这应该是个机会	● 等有机会的时候，我再……
● 世上一切都是机会，把握不住是我的能力和认知还不符合要求	● 这个能发财吗？最快什么时候能见钱？
● 遇到机会，慎重考虑，用心谋划，感觉没问题，立即动手	● 万一没做成，多丢人，钱可能也没了
● 出手前，想好应急方案，万一不对，也可以全身而退	● 算了，现在这样也挺好

第四节　境由心生

我先来问大家几个问题：

1. 你有没有莫名喜悦的时刻，觉得整个世界都很美好？

2. 你有没有哪一天心情不错，突然就觉得自己眼中的对象哪里都很好？

3. 相反，你有没有哪天遇到非常郁闷的事情，无论见到谁都不顺眼，无论做什么都很烦躁？

这个世界还是它原本的样子，因为你的心不同，感知到的角度才会有所不同。

心态，是你看世界的角度，它反映了你的认知高度与思维方式。心态的不同，开启了贫富之间的差距。

一颗美好的心灵，积极的心态，可以帮助我们开启更正向的人生。

修炼法则：

1. 你看世界的角度，是你内心的镜像。善良还是丑陋，都由你自己的内心投射所决定。很多时候，你判断一件事情的依据，不是根据事情的真相，而是按照自己内心的想法推测出的结论。

2. 你所面对的世界由你的心呈现，而镜像反映出的就是你的认知。于是，你的认知决定了你人生的高度，不同的认知层次，看到的世界完全不同。

3. 我承认思想影响身体——阿尔伯特·爱因斯坦

4. 看树要看根，看人要看心，做事业、做企业也是如此。资源、产品、品牌、方法论等都是呈现出来的"枝叶"，唯一不变的是根基、是精神，是人的思维。

5. 你遭遇的情况、遇见的事物，往往都是自己内心世界的呈现，因此，要让自己的心灵美好是人生成功的前提，这样，你才能一直从外界环境中遇到美好的机遇和条件。

6. 宇宙是一切能量的汇聚，思想就是智慧，就是能量。

7. 无论什么人，都拥有"当下"瞬间带给我们的一切机会。以怎样的心态活在当下，决定我们的人生去向。

8. 一切始于心，终于心。怀抱干净、美好的心灵去感知这个世界，就不会有迷茫与阻力，要时刻磨炼心性，不断自我提升，无论遭遇何种打击都要感恩上天的馈赠，这是它在成就你的实力。

9.能力可以打造，心态不可抄袭。我们这个时代，能力是最好学的，专业知识是最容易培养的。但是，专业能力优秀已经不足以满足成为王者的条件。

10.心态影响思维方式，人分出高低贵贱，往往是他们对事物的出发点。对自己的高要求，对外界的谦卑心，是学不来的美德，只能感悟而来。

先有正确的心态，然后再去做事。无论是企业还是个人，你的产品和综合能力代表了你的最终的段位高低。切记，不要做温水里的青蛙，一个人如果总是待在舒适圈里，就会渐渐习惯现状，不想努力，失去信心，最终导致内心的死亡。不管我们处在何种环境，调整心态、控制情绪和思维方式，都是必须要具备的能力；我们都要有积极的心态，去不断追求更高层次的人生，让自己不断地努力，让你的人生过得更有价值一些，更美好一些。

境由心造，物随心转。科学上已经证明，一个正面思想的力量，胜过一百个负面思想。

——迈克·贝奎斯

我们来对比一下王者与青铜的心态：

王者的心态	青铜的心态
● 我能行，我可以	● 先试试看，就算不成，也不是我的问题
● 这个世界真的很美	● 这个世界不公平，我根本没有机会
● 感谢对手，感谢困境带给我的反思	● 已经很努力了，还是不成功，问题一定不在我身上
● 世上的一切都很美好，看不到是我的不对	● 机会都被别人抢先了
● 所有的一切都是因为我的心态而呈现，修正内心是首要大事	● 以后的事以后再说吧，今天还没过明白呢
● 机会就在眼前，换个角度看，说不定会有新发现	● 这件事太难了，选一个比较容易的吧
● 真的无路可走吗？还是我的认知不够，看不到出路？	● 可恶的对手，抢走了我的机会和生意
● 山外有山，人外有人，要多去探索和发现，他们都是我们的导师与贵人	● 我知道，但是……
● 做人做事，相信自己，乐观向上	● 对待生活，悲观消极，抱怨指责
● 明白世上有专业和业余之别，时刻谦卑低调	● 做人做事目标性很强，意识力很弱
● 做人做事，绝不敷衍，一定全力以赴	● 遇到问题，第一反应是找借口，推卸责任

王者的心态	青铜的心态
● 我要成为……我能做到……并付诸行动	● 他能成功是他家里条件好；她优秀是她老公好
● 永远要寻找更好的方式	● 我绝不能吃亏
● 学会服从，是成为王者的第一步	● 他也没比我强多少，为什么要我听他的
● 用主动的心态提升全局观和协作力	● 只要有钱了，你们都会看得起我
● 对自己的承诺负责到底	● 反正他不会计较，我也不用落实承诺

训练模式　王者的训练

成功无法模仿，你要摸索出属于你自己的成功之路，打造专属于你的核心竞争力，以此清单作为你的训练指南，抛砖引玉，愿你每日进步一点点，成功将与你越来越近！

第一步，开启内在力量

买两个一模一样的绿植，放在家里同一个地方，每天在固定的时间浇水。

要求：同时浇水，同时施肥，就连光照时间都是统一的，并且这些水和肥料必须是相同的，也就是说这两棵植物的生长环境和培育方法都是一样的。

训练过程：

每天向植物 A 说一些赞美的话；每天向植物 B 说一些厌恶或者谩骂的话。

时间一共持续 30 天，整个过程每天有照片记录，并记录下两个植物的外观变化。

一个月以后，把两盆绿植放在一起对比，看看它们的区别。

	植物 A 的形态及生命力	植物 B 的形态及生命力
第一天回家		
第一周		
第二周		
第三周		
第四周		

通过这个实验训练，我相信你已经对自己的意识和内在那股无形的力量有了更深层次的认知和感悟，如果你可以在日常工作和生活中善用这个宝贵的力量，它会成为你打开成功大门的钥匙。

第二步，乐观的意念

这个训练的目的，可以更好地帮你树立正向思维方式，梳理你的逻辑思考能力，帮你发现事物更美好的一面，挖掘身边更多的机会与美好。

首先，我们从列清单开始，请将你记忆中最富有意义、最欢乐的事情记录下来。

我印象中最有意义、最欢乐的事情：

_____

_____

_____

_____

_____

我印象中最痛苦、最愤怒、最迷茫的时刻：

_____

_____

_____

_____

_____

仔细对比两个列表，然后问问自己，这些使你快乐的事件的共同点是什么？使你痛苦的事件的共同点又是什么？

_____

_____

_____

_____

_____

_____

在生活和工作中，什么最能带给我快乐和自豪？

_____

_____

_____

_____

_____

_____

请把下方的句子变成正向肯定句：

举例："我怕失败"改为："我会尽最大努力"

"我不想放手……"改为："我会开始＿＿＿＿＿"

"我不能＿＿＿＿＿"改为："我尝试＿＿＿＿＿"

"我讨厌他＿＿＿＿"改为："我不讨厌他＿＿＿＿＿"

"你能不能快点！"改为："麻烦，请＿＿＿＿＿"

"你到底怎么回事！"改为："请＿＿＿＿＿"

我希望自己被如何对待？

_____

_____

_____

我期待自己改掉哪些毛病？

_____

_____

_____

第二章　升级内驱力

第一节　升级环境

当把一滴水放到河水里时，河水；

放到井水里呢，井水；

放到海水里呢，海水；

放到污水里呢，污水。

当我们认知到万事万物能给我们带来巨大的影响，我们就可以试着将自己与万物的运作规律和谐统一，顺势而为。大道规律是亘古不变的法则，永不消灭。面对这个每时每刻都作用在我们日常生活中的规律，我们只有与其保持统一、和谐共处，才能避免不必要的阻力与麻烦。

只要意识到自己需要从物质世界的表现形式中抽离出来，紧随宇宙万物的能量规律，就一定会从狭隘的、局限的意识中解脱出来。

1. 你作为宇宙、作为地球的成员之一，时刻受到它们的影响与局限。你身为人类，居住在地球上，就注定永生受地球环境能量的影响。

2. 一切事物都是你心中的镜像，你所身处的环境与生活，同样作用在你的意识世界，久而久之形成性格、认知、能力等。

3. 物以类聚，人以群分。相同或类似品行的人、事、物总会相互吸引，什么样的思想就招引来什么样的外部环境，同样，外部环境对人的成长也存在巨大影响。而这种潜移默化，看不见摸不着的影响远远超过一般人的想象。

4. 人在一个特定环境下工作久了，或是与一些人相处时间久了，会产生同化；双方会相互影响，有着类似的想法、动作、情绪、节奏等；于是，当一个人在一个糟糕的环境下时间长了，负面的影响也开始对他的思维产生作用。所以说，吸引力法则本质上是一门环境能量科学。

5. 如若我们希望自己的人生从此有所改变，那么最简单且高效的方法即强大我们的内心世界，并付诸行动全力以赴去执行，提升及改变我们的外部环境，优化居住与办公环境、提升圈层、向上社交、与优秀的人为伍获取营养……

6.环境决定思维，思维决定行为，行为决定结果。通过环境改变一个人的人生轨迹与思维方式不可能一蹴而就，只能渐进地改变，并在生活与工作中时刻修正自己，自律、奋进，明确地认知外界环境对一个人事业发展的重要性。

升级环境

知名商业评论主编吴伯凡，有一个学者朋友，书读得不少，思考也很多，但就是少有作品。后来，他无意间做了一件非常细小的举动，这件事提高了他的工作效率，使他变成一个高产学者。

有人送给他一个非常漂亮的古希腊陶瓶，他爱不释手，可是自己的房间实在太过凌乱，书桌上堆满了书，家里堆满了东西，根本没地方摆放陶瓶。怎么办？

他就开始整理书桌，整理完书桌，发现地上也很乱，又开始整理地面，整理完地上的东西又发现床上也乱得不成样子，又整理床……都整理完了，他突然有一种不一样的感觉。

没多久，他的脑子里的东西就开始发生变化了，认知改变了，也开始享受这种有序整洁的状态，还养成一个习惯——每天在桌上放一张纸、一支笔，旁边是那个陶瓷瓶。他一旦产生了一个想法，就立马记下来，日积月累，积攒了很多笔记，然后，写书也快了很多。

心理学专家肖恩·埃科尔发现环境真的可以改变人。有一段时间，他很想每天弹弹吉他，但是每次都是一回家就坐在沙发上看电视，根本无法自律。他发现只靠意志力太难了，因为，如果他要练吉他，需要从沙发上站起来，然后从客厅走到卧室，从衣柜里拿出吉他，一算时间，超过 20 秒。相反，拿起遥控器打开电视，1 秒就完成了。

于是，他做了一个实验，把遥控器电池抠出来，放到书房的抽屉里，然后买了一个吉他支架，把吉他摆放在客厅最方便显眼的位置。调整以后，他发现再想看电视变得困难了，而拿起吉他练习变得容易了。

他管这个叫 20 秒法则，一个小环境的改变，帮他养成了一个新的生活习惯。家庭环境的改变，尚且有如此巨大的影响，更别说一个人生活的社会环境了。

升级圈层

人是一切社会关系的总和。

——马克思

在硅谷创业圈，也有一个 PayPal "帮"：里面有 PayPal 的创始人彼得·蒂尔，他曾投资过 Facebook；大佬级别的人物里德·霍夫曼，他创办了领英 LinkedIn；陈士骏和赫尔利、卡里姆共同创办了 YouTube；斯托普尔曼和西蒙斯创办了美国最大的点评网站 Yelp……当然还有现在很火的硅谷钢铁侠埃隆·马斯克。

这个圈子可谓"含金量"满满。

选择与谁为伍很重要。因为你的认知水平的上限，是你身边最常接触的人的综合。你所在的圈层、跟谁为伍、听谁的话决定了你的眼界、见识、资源、认知、格局。

当年，蔡崇信代表自己的公司走访阿里，看看是否要投资马云，虽然他当时只看到了一个运行了才几个月的网站，但蔡崇信还是被马云和他的团队的魅力所折服。

后来，他带着怀孕的妻子再次来到杭州，找到马云说："你要成立公司，要融资，我懂财务和法律，我可以加入公司帮你做。"

马云听到后不敢相信地说："要不你再想一想，我付不起你那么高的薪水，我这里一个月只有 500 块工资。"

蔡崇信当年可以非常轻松地买下十几个阿里巴巴，但是蔡崇信很坚定地表态："我已经想好了，就是想加入创业公司，跟一批人志同道合的人共事。"

所以，选对人，跟对人，做对事，就够了。

下面我们来对比一下王者和青铜看待环境的认知区别：

王者对环境的观点	青铜对环境的观点
● 爱干净，保持生活与工作环境整洁卫生，极为爱惜物品	● 邋遢、凌乱，不爱惜物品
● 用心关照与经营身边的环境	● 对身边事物及环境，不珍惜，不走心
● 追求天人合一的居住环境	● 忽略或不相信环境对人的命运的影响
● 竭尽全力地通过改变环境来提升自己，向上社交	● 故步自封，与平级或不如自己的人相处，更容易刷存在感
● 用环境改变思维，用思维提升认知	● 在"污水"池子里尝试将自己进化变成"海水"
● 有问题，通过自身努力去改变，如若改变不了就通过环境去改变	● 不愿意承认是自己的问题，认为一定是别人的问题，用无法改变环境为借口逃避责任

第二节　个个都是高手

专业面前人人平等，一切与富贵贫贱无关，与年龄、性别更无关。

每一份不起眼的工作都有价值。真正的牛人，把每一项任务都当成修炼自己的一个台阶。把一件事情做到极致，才有可能从激烈的竞争中脱颖而出。

口红一哥李佳琦，一年365天，他直播389场。直播时曾一口气试了380支口红，试完嘴巴红肿、疼得不行。他创造了中国直播带货的纪录，在这个领域内取得了一定的成就。对比其他主播，有些面部表情僵硬，笑容尴尬，似乎不知道该做些什么才好，短短几个小时的直播，大部分时间都是旁边的搭档在调动气氛，自己却不知道如何介绍产品。

不专业，不背产品，不研究话术，不懂平台的机制，再聪明的人也无法取得行云流水的直播效果。这也是为什么90%的明星直播都会翻车。大部分明星在直播间的表现都不专业，就是来聊聊天，顺便聊聊产品，简直就是来刷脸的。

我们这里并不是反对明星带货，而是他们作为公众人物更需要下功夫，对客户负责，也对观众负责。没有一个人的成功是白来的，台上一分钟，台下十年功，光鲜亮丽，行云流水的背后都是枯燥、烧脑、重复的打磨堆积而成的"功夫"。

郭德纲 7 岁开始学说书，10 岁学习相声，师从相声大师侯耀文，13 岁开始上台说相声，其间又学习了京剧、评剧、河北梆子、西河大鼓、单弦等技艺。样样精通，辗转演出多年，功底十分深厚。郭德纲的成功与他自身的努力是分不开的。

放眼望去，各国顶级优秀的品牌，能传承百年的家族企业，哪一个不具备这种工匠精神，几代人潜心研究，不断打磨自身与产品，与时俱进，保证顶级质量，这何尝不是一种对自己、对他人的尊重呢？相反，很多企业为了走捷径，互相抄袭产品与理念，非常"善于"复制与模仿，在极短的时间内套用与别人一模一样的套路迅速割一波韭菜，然后转换赛道，说得好听点儿，叫"换跑道"，本质上是自己技术不过关，经不住市场的考验。在任何领域，他们都是"业余"选手，还没上道。业余人士和专业力量之间有着巨大的鸿沟，简直是天壤之别，甚至可以说是两种完全不一样的概念。

无知要比博学的人更容易产生自信。

——达尔文

1.吃过几十年饭，就认为自己可以开餐厅；看别人做自媒体赚钱，认为写几个字拍几个段子这谁都会；看到有人直播带货，一句"Oh my god！"就收入上亿元，还暗暗不屑"我上我也行"。

2. 行业的壁垒，专业与非专业的差别，并不在人前显现，背后下的功夫外人看不到。而这种对专业以及专业人士缺乏正确的认知和起码的敬畏导致了很多人普遍的眼高手低。

3. 专业面前，不分年龄、性别、贫富，不要用世俗的眼光去评判对方专业领域内的水平。自古英雄出少年，话说张无忌不到 30 岁已经学会四大神功，所以，一个人的修为与能力往往与年纪无关。

4. 专业从何而来？大多是，他们花钱请教、有名师指点、积累学习、反复实践、总结了大量的失败和成功心得、经历了无数的实战与总结，最后提炼而来，而这些在外人看起来仿佛是一件很简单的事情。

中国飞人苏炳添在东京奥运会百米赛上取得了破纪录佳绩。但荣耀的背后，我看到的是专业运动员日复一日的专业训练和背后下的功夫。

2014年苏炳添短跑课训练计划（平时）

星期	准备期	比赛早期	比赛后期
一	1. 准备活动：1公里越野跑 2. 柔韧性练习 3. 跑步专门练习 4. 间歇跑100米×4×（2-3）组 5. 立定十级跨步跳×15 6. 腹背肌练习	1. 准备活动：1公里越野跑 2. 柔韧性练习 3. 跑步专门练习 4. 间歇跑150米×（4-9）组 5. 立定十级跨步跳×15 心率恢复至正常 间歇时间为心率恢复至120次每分钟：组间歇时间为心率恢复至正常	1. 准备活动：1公里越野跑 2. 柔韧性练习 3. 跑步专门练习 4. 起跑练习 5. 计时跑30米×3、60×3组 6. 身体素质
二	1. 准备活动：1公里越野跑 2. 柔韧性练习 3. 跑步专门练习 4. 反复跑300米×4×（2-3）组 5. 250米跨步跳×3	1. 准备活动：1公里越野跑 2. 柔韧性练习 3. 跑步专门练习 4. 起跑练习 5. 计时跑5×30米、行进间跑5×60米支撑起跑练习 6. 力量练习 心率恢复至正常 间歇时间为心率恢复至120次每分钟：组间歇时间为心率恢复至正常	1. 准备活动：1公里越野跑 2. 柔韧性练习 3. 跑步专门练习 4. 间歇跑200米×2　150×（1-2）个 5. 250米跨步跳×3 6. 力量练习
三	1. 准备活动：1公里越野跑 2. 柔韧性练习 3. 跑步专门练习 4. 力量练习 5. 变速跑	1. 准备活动：1公里越野跑 2. 柔韧性练习 3. 跑步专门练习 4. 计时跑150米或250米×5（训练强度较大） 5. 250米跨步跳×3	积极性休息

这是他2014年的常规训练计划表，如此强度的训练，光是看看就能让人浑身乏力，大部分人可能半天都熬不下去。而这些，却只是他每天的日常训练。十年如一日，风雨无阻，严格

执行。

这些，还只是咱们外行人能看得懂的部分。在专业团队眼中，为了提高成绩，还得引入更为细致、系统化的训练监控体系。通过生理生化及体能测试指标来分析技术动作中的可提升项。比如大腿后群力量、踝关节力量、发力速率等，甚至把运动过程中身体每个关节的角度都精确到 0.1°。然后在此过程中收集海量数据、建立合理框架，用于训练准备状态的评判与呈现。最后再根据各项参数指标对训练计划与起居计划进行调整。

所有的成功，都是一项长期且精心设计的作品。

很多事情，永远不是看上去那么简单。在这个浮躁的时代，不少人都想通过走捷径获得快速成功，以至于无法沉下心来做好眼前的事情，总想着投机取巧。

"要不要转行？"

"哪里是风口？"

"做什么更赚钱？"

他们看不起自己眼下所做的工作，更认为不成功是行业本身的问题，与自己的能力与努力程度无关。然后在遇到贵人和高手时，还总以自己的认知去衡量对方的等级，试图用自己的业余去挑战别人的专业。

任何一个行业，都没有好走的路、好赚的钱。但不管哪个行业、哪种工作，只有踏踏实实干下去，才会有出类拔萃的一天。

世界级的清洁工

在许多人眼中，清扫、服务工作是个又脏又累、不大体面的岗位，但在日本东京羽田机场，却有这样一位把清扫服务做到极致的"专家级别"的人，她叫新津春子。在她的带领下，这座每年服务约 8000 万旅客的机场，在 5 年内 4 次获得由世界权威航空服务评估机构 Skytrax 公司授予的"世界最干净机场"荣誉。

新津春子还出版了 4 本针对不同群体需求的清扫类书籍，并受邀在全日本进行巡回演讲。她希望引导人们通过清扫把生活变得更加美好。如此兢兢业业的工作态度，让她一路晋升。29 年来，新津春子始终秉承着"要么不做，要做就做到最好"的人生信条。后来更因精湛的技艺获得了"国宝级清洁匠人"的殊荣。

服务，是一种美德，由衷地帮助别人把事情做好，是一种很高尚的精神。我这里提到的服务与行业无关，是一种对人、对事的做事态度。

请用敬畏的心态去对待每个人、每个行业、每一份工作。

归根结底，决定你最终价值的永远是你的专业水平。只要你用心做好手里的每一份工作，不断深耕、优化、精进，建立属于自己的堡垒，这样，即使在任何一个再平凡不过的领域都能做出非凡的成绩。

不是穿着袈裟的就是得道高僧，不是所有人脸上都写着"贵人"。术业有专攻，请放下你的傲慢，谦虚地请教，这并不丢人。

所谓专业，是追求极致的一群人，无论处于什么行业，他们都在不断追求完美，争取成为行业领头羊，达到业余选手无法企及的高度。

善于低头，是一种谦逊。而谦逊，能使我们学到更多的知识，更快提升认知，少走弯路。

事业上，稍微比较顺利，加上别人有意无意的吹捧，就骄傲了，内心沾沾自喜，这时内心就被欲望、傲慢吞噬，放飞自我，这就是人性。

低头，是为了更好地抬头，是为了更好地看清脚下的路，给自己和他人留下余地，是为了更好地成就自我。

专业面前，人人平等；学历只代表某个特定领域的知识与技能水平的表现，并不代表掌握全天下一切事物的能力。

开悟的人，一定会尊重别人的专业，且不以年龄、性别、社会地位等为主要的衡量标准，更不会倚老卖老，抱着一通百通、天下无敌的心态与对方交流。

在对方谈论其专业领域的过程中，请先认真、谦虚地接受，观点相左可以记录下来，但不要打断对方，不要质疑对方的实力。当优秀的人愿意与你分享经历、看法与观点时，他是在用他们一路走来的经验和智慧帮你提升认知，使你避免走弯路，请尊重、请感恩。

不要乱下定论，你的认知有可能是一直以来局限你的天花板（更何况还是面对一个自身不了解的领域）。不要轻易解读对方的专业，一行有一行的规矩，不要胡乱提要求，可以主动询问或了解。

改变一下姿态，放下"小我"的傲慢与面子，隔行如隔山，即便对方年龄比你小，形象气质不符合你心中的"高人"样貌，但也要学会服从与接受，这是做人做事的基本姿态，学会在其他专业领域里做个"晚辈"，会对你的能力提升和问题解决有着极为巨大的帮助。

谦卑地对人是一种涵养，真正设身处地、换位思考地去了解、理解对方的领域本身就是一种大智慧，集众家所长弥补自身所短，这是王者必备的能力及素养。

要尊重比自己优秀的人，无论哪个领域，请不要以物质标准衡量对方的实力。要善于向不同年龄段、不同性别、不同社会地位的人低头，因为，每个人都是世上不可缺少的存在，都有其存在的价值，学会发现世间的美好，能使我们获得更多的机遇与路径。

我们总结一下两者的区别：

王者的心态	青铜的心态
● 这个领域我不了解，麻烦您为我讲讲	● 切，这有啥？我不需要知道这些
● 您在这方面很专业啊，我要向您学习	● 也不是很厉害啊，要是我做一定比他做得好
● 不懂就是不懂，不丢人	● 我要是表现出不懂，他们会笑话我的
● 职业不分贵贱，专业不分性别与年龄	● 这个人这么年轻，有那么厉害吗？
● 对比你的观点，我不太理解，能帮我讲解一下吗？	● 你说得不对，我相信我自己的看法
● 过去没听过这个领域，没见过这样的操作，太厉害了，能详细解说一下吗？	● 还有这样的操作？不会是骗子吧？过去我没都听过，一定有诈，姑且听听他说啥

第三节　先做事，再谈钱

钱，永远都是，当你做人过关、做事过关后获得的附属产品。

现在，很多人失去了方向感，原因有两方面：一方面，信息爆炸，人们听到、看到很多信息，但是找不到明确的方向去行动；另一方面，这个社会给人们带来了很多不确定性，制造了极大的困惑。比如，工作竞争越来越激烈，社会保障不足，很多年轻人在各个大城市里游走，孤军奋战，对未来的不确定性只能靠加班加点辛苦工作去尝试减缓，但是实质问题还是没有得到解决。在这些迷茫和危机中，人们的价值观也产生了巨大的变化，并在这些变化中产生了一系列的迷惘。

最明显的变化是对"做事"的定义的曲解，以及对工作的价值观的转变。现在的很多人已经无法对做事的意义与目的有一个正确的认知，于是，"我为什么要工作""不过是混碗饭吃""为什么要用心做事"这样的问题出现的频率越来越高。当下的社会，有多少人是为了钱而去做事，为了发财而去学习某个技能？他们骨子里讨厌做事，排斥困难，推卸责任，学习也不过是为了让自己快点发财而走的"捷径"，更有甚者把用心做事、努力工作看得无足轻重，轻蔑地嘲笑那些用心做事的人。

很多企业、老总喜欢炒股、玩资本、混关系，割完这波韭菜再跑去另一块地割，期待着轻轻松松发大财；还有许多企业看似在努力创造价值，其真实目的也只是通过资本市场的运作获得大量资金，用这些手段把发财当作人生终极目标。于是，排斥、惧怕、抵触认真做事的风气占据了主流，而真正懂得沉淀、踏实做事的人反倒成了非主流。

很多人被这些天天想着怎么发财的人的表象蒙骗了，他们真的有自己说的那么富有吗？真的那么牛吗？真正的强者会到处说自己厉害吗？他们的嘴皮子功夫不过是为了圈更大的利益而练出来的"口才"。

想有所成就，必须要先踏踏实实地把自己的分内之事做好。

阿里巴巴发展迅速的原因之一，是因为在过去20年里，从未在讨论如何赚钱这个问题上花费超过半小时的时间，而是讨论如何帮助小企业及解决问题等。只要做正确的事，钱自然会来。

——马云

赚钱心法：

1. 做事，初心很重要，赚钱请放在第二位。

2. 财富，是踏踏实实把每件有意义的事情做好之后，自然形成的。

3. 财富就是这样，你越是想赚钱，越是赚不到钱，财富只流向那些稳重做事、有大智慧之人，不属于无德之人。

4. 即便有些人暂时获得了财富，但也会因为没有正确的理财观念、投资认知、危机意识等，最终无法承载，反被侵蚀。

5. 赚钱的终极秘密就是——先学会做人、先搞明白如何为别人把事情做好。

6. 青铜一般是因为看见钱，才去选择做事情；王者通常是因为心里一直有想做的事，并且这个事情还可以为别人带来价值，于是专注地去做，而做着做着就斩获了巨大的财富。

7. 普通人选择先要"看见"，然后才相信；高手都是先相信，然后去执行！

8. 普通人先考虑自己能赚多少钱，然后做多少事；强者先考虑如何帮别人解决问题，再谈自己拿多少合适。

9. 有些人常常把努力工作与发财联系在一起，其实这是两码事。

10. 真正的做事，是一份发自骨子里的热爱，是为了成就更完美的自己的一种向往，是为了给别人及社会带来价值后产生的无法表述的成就感与自豪感。初心与赚钱无关。

11. 工作的目的是强大自己、磨炼心灵，让自己可以驾驭更大的局面。工作可以带来财富，但并不是它的本质意义。

你的出现如果不能为对方带来价值，就不要出来丢人现眼。

自我价值提升心法：

你是否可以为别人带来价值，决定你是否有资格谈钱。

一个人发自内心、由衷地去帮助对方解决问题，并且用心执行，这是一个非常"可怕"的能力。

服务不仅仅是工作，更是一种利他，一种赞美与付出的高尚情怀。下面的人总想被别人伺候，上面的人想着怎样服务他人。

待人接物、言谈举止做到让人感觉舒服，这本身就是一种服务，一个人的底蕴便能从中体现。

做事做不好，是因为没有信仰。

秉持信仰去做事，与应付差事有着天壤之别。在优秀的人面前，如同孙悟空的七十二变在佛祖面前一般，毫无秘密可言。切记，不要在比你优秀的人面前要心机。

信仰不是宗教，而是一种强大的自驱力。信仰可以支撑着你去完成一件件看似不可能完成的事情。

请找到你做事的意义，正视它、认可它、热爱它，即便它有千般不足，毛病百出，但也要接受，把它当作自己的孩子一样去负责，去担当，使它变成自己的使命。这时，你就不会再有迷茫与困惑，可以真正地开启有价值的人生。

赚钱的前提条件是自己要值钱，可以为对方带来价值，一切财富都是通过价值交换得来的。成功的唯一且最佳途径是先学会做人、做事，让自己变得值钱。

对事情负责，对他人负责，"拿人钱财与人消灾"这是基本的职业操守；不能一味地追求名利与金钱，遇到问题，只会找借口甩锅。久而久之，失去信誉，失去优质的人格，当然无法取得成功。

做事，不要急功近利，要学会沉淀，这是一个人最好的升华。沉淀不是消沉，而是用一颗淡然的心审视浮躁，在宁静中找到自己的位置。吾生也有涯，而知也无涯。

有些事情，虽不能马上带来回报，但只要沉淀到一定程度，一定会开花结果，一切美好自会如期而至。走向成功，是沉淀经历，不断修正自己的过程。

王者的赚钱思维	青铜的赚钱思维
● 先找准一个要实现的目标，然后再去创造实现这个目标的条件	● 先等待某些条件出现，再去制定符合条件的目标

王者的赚钱思维	青铜的赚钱思维
● 有了目标，马上行动，边干边解决问题	● 永远在权衡利益、风险，瞻前顾后，犹豫不决，永远放大困难和失败的损失
● 相信自己的能力与决心	● 不相信自己，充满怀疑及顾虑
● 敢想，敢梦，更敢干，扛得住压力	● 不敢想、不敢梦，更不敢干，扛不住风浪
● 坦然面对失败和挫折	● 不敢面对失败与失意
● 直面问题，百折不挠地解决问题	● 不愿意承认自己能力不够，逃避问题
● 无所畏惧，方法永远比困难多	● 困难面前，茫然不知所措，心灰意冷
● 与人共赢，虽败犹荣，共勉共进	● 胜负欲极强，不能接受失败，容不下别人比自己优秀
● 对承诺负责，对项目、对产品负责	● 这事也不是我的事情，反正钱到手了

第四节　不要让自己停下来

心想事成法则＝强烈的意愿＋正确的方法＋极致的执行，然后坚持前行。

唯有相信，才有所谓的梦想成真，唯有心中有梦，才有顺理成章的心想事成。

所有的自我实现都来自内心的意愿法则，我们要懂得意愿法则的重要性。意愿法则来自我们内心有多么渴望做成这件事。当你内心的这种意愿越来越强烈的时候，意愿就会推动你寻找各种各样的资源实现目标。

王者与青铜的差距虽只有毫厘之差，关键在于当遭遇前所未见的阻碍与困难时，在那一瞬间，内心是否认为"一定能行"，并走出第一步。无论是工作还是学习，有强烈的意愿，明确自己将要从事的工作目的和意义，然后坚定不移地去执行，成功永远属于那些持续努力的人。

"可能做不到吧""估计这次悬了"，这一刻，只要有一丝丝的犹豫和踌躇就会退缩瘫软，导致永远不会迈出第一步。即使过后拼命给自己打气，"没事的，应该还是可以的，我还是没问题的"，你的内心也不再是一个干劲十足的状态，也是马后炮，仿佛一滴墨水进入了原本干净的水中。

我们大多数人并未真的明确自己的目标是什么，是因为我们并没有真正花时间去思考和发现自己内心深处真实的呼唤。总是被工作、账单、投资、趋势所牵制，以至于我们心里没有多余的空间去感悟自己真正追求的是什么，是否坚定地相信自己的追求。

这是对挖掘"你是谁"和"你想度过怎样的一生，你能为这个世界带来些什么"这些问题的终极阻碍。因为，你必须先去发现自己的使命，然后选择正确的路径，意志坚定地执行，才能改变现状。

第一步：坚信

一念之间的相信不足取，选择了使命后的坚信才是极为重要的，是一切的开始，也是一切的结束，是使一切愿景成真的第一步。

第二步：选择合适的方式方法

这时，考验你的是要对事物充分地了解，得到全面的认知，这些有助于我们去选择正确的方式去执行。先真知，再办事。

这是知行合一的过程，想要对事物做出正确的判断，可以采用以终为始的思维方式。学会自我认知，就要客观地分析自己的实际情况，这样可以更好地指导你的决策和执行方法。

海底捞的张勇，就因为判断失误导致海底捞面临很大的问题。海底捞失误的原因是张勇对事态局面没有充分了解，误判了趋势。在2020~2021年，海底捞进行了大规模的扩店战略，很多人都劝他不要这样做，但是张勇表示没问题，现在他也表示当时自己确实是盲目自信了，对局面没有全面的了解就盲目采取行动。

第三步：咬牙坚持

一定要坚持到底，既然选择了，方向是对的，方法是对的，就不要虎头蛇尾，心想事成要求极致的执行力和坚定的信念。一些创业者之所以失败，是因为他们当初不够"坚持己见"，内心的信念太容易被外界的风吹草动所干扰，以至于无法达到预期的理想效果。而成功，有时候正需要一份孤注一掷的坚持。

每个人都在以自己的方式朝目标迈进，在一些关键时刻，那些足够"固执"的人，往往能取得更大的成绩。

如果企业家、创始人不够坚定，就意味着他无法忍受前方道路上的孤独和非议。如果他选择了孤独以外的道路，那就意味着他只是在跟风。但选择跟风的代价是，他永远不会脱颖而出，也无法坐拥稳定的财富，这样的人终将不会成为真正的王者。

从来没有哪一个富人能在不做出任何牺牲的情况下就事业有成。

成为一名真正意义上的强者代价是很高的，需要我们极度地自律、克己，甚至牺牲娱乐休闲时光。别人在度假郊游，你需要工作、思考；同龄人在喝酒聊天，你选择读书、反思；同行业的人已经满意了自己的成绩，在与兄弟庆祝，你却永远不满足于眼下的成就，不断探索未知，希望突破自己。

世上有这样一群人，他们没有娱乐休闲，全身心地扑在工作与学习上，一天、两天看不出差距，半年、一年以后，他们与同龄人、同行业者早已不在同一个层级上。

那些不愿意做出这样牺牲的人，不会过得那么辛苦，但也得不到什么大回报，做不出什么大成绩。

那些手握巨额财富的人，当年牺牲的远不止这些，甚至更多。

一个人的发展总是要付出代价的。成绩，是通过你在工作中投入的大量时间、物力、财力、精力体现出来的。

王者，是敢于对自己"狠"的人。他们总是勇往直前，无论遇到什么困难都不会退缩。简而言之，杰出人士的词典里从来没有"放弃"这个词。

遇到麻烦了，就得协同团队抄近道避开阻碍；如果避不开，就想办法解决它；如果解决不了，就拼尽全力，上！

无论在任何情况下，成功的人永远不会接受因为不坚定导致的失败。

财富与实力总是青睐这类人：拥有强大的愿景，懂得制定游戏规则，以及无所畏惧、永不放弃的信念。

没有哪个人的成功不是突破层层的失败与挫折的包围才取得的，他们都经历过相当艰难的时期。但生命的美好就在于此，失败和苦难是成就我们成长的必修课。

如果你也经历过现金流的短缺，或者因为付不起房租、付不起员工工资而即将被扫地出门的情况，那么恭喜你，你也与那些光鲜亮丽的企业家和富豪们拥有了相同的经历。

因为，生活中的绝望感总是一样的，不管它是由什么引起的。关键看绝望过后，你们如何选择；每个人都会被无力感包围，甚至觉得自己正在经历地狱一般的磨难，很多人也在表达着自己的不甘，想极力挣脱命运的枷锁后勇往直前，但是，能否重新站起来，能否真的将想法落实于实践，就取决于你到底有多想赢。这一点也是区别贫富命运的分水岭。

在这个分水岭上，许多企业家选择停滞不前，他们不会为即将取得的成功而孤注一掷，而是试图停留在"舒适"的当下，等待成功主动降临的那一天。

　　有趣的是，像这样的创业者最终并不会获得持续的财富。生活往往是不可预知的。我见过聪明绝顶的想法付诸东流，也见过愚蠢得可笑的想法变成现实。

王者做事模式	青铜做事模式
● 认定了就不放弃，循序分析可执行路线	● 经常受到外界声音的影响而放弃自己的意愿
● 聚焦分析事情背后的长期价值	● 想法很多，欲望不少，愿力不足
● 选择既满足当下利益，又不损害未来利益的方案	● 只顾眼前享受，选择当下利益
● 极强的自我约束力，坚持到最后	● 感到困难，中途放弃
● 不断调整执行方案，反省执行效率	● 硬着头皮死扛，照搬别人的方法
● 分析事物运行规律，制订符合自己的落地计划	● 不懂思辨，重视方法论，不思考事物原理
● 不畏惧苦难和阻力，意念强烈，为了达成目标，全力以赴	● 看不起事物的深层价值，信念感弱，容易半途而废

训练模式　王者的训练

明确你的人生目标

静静地思考几分钟，在这个专属于你的私人空间里，不要顾忌旁人看你的目光，真诚地面对自己，然后明确自己的人生目标。

我有哪些优势和天分？

_____

_____

_____

_____

我有哪些不足和短板？

_____

_____

_____

_____

过往经验中，我做了什么事让我觉得很有成就感？

_____

_____

_____

_____

_____

我想成为什么样的人？

_____

_____

_____

_____

_____

谦卑的能力训练：

在一周的时间内，选择 2~3 个人物，将其作为提升你谦卑能力的训练对象。在对方不知情的情况下，利用表格的信息与引导方式，进行思考及交流的指引，使以下几个问题的内容始终伴随交流的全过程，并记住自己内心的真实活动，离开后记录下来。

用几个月的时间，坚持每天找生活中的一个人进行练习，让自己的大脑习惯这个思维方式，逐渐融入自己的潜意识。

为什么一开始对他有这样的看法：	
在交流中我的心态为什么是这样的？（谦虚，愉快，不服？）	
在哪个环节上（什么话题上），使我有了负面情绪？为什么？	
在什么话题上我很开心？为什么？	
我为什么会自满？	

每天晚上，利用几分钟的时间，按照下面表格中的提示，梳理一下自己的情绪与意识，通过在日常生活与工作中的经历进行复盘。

主题	次数	原因	事件类型	受益方面及感悟
认真听别人讲话				
听不进去				
发现了对方的优点				
发现了自己的不足				
过度的"小我"意识主导了行为				

知行合一训练：

知行合一的训练分为两个部分：知；行。

确定一件自己要做的事情，分析最佳执行方案，制订计划执行表，写在表格里，严格按照要求执行。

训练——知篇

目标事件	短期价值	长期价值	短期阻力	长期阻力（一年后）

训练——行篇

事件一：

执行方式	短期利益	长期利益	阻力因素	助力因素	内在驱动力
方案 A					
方案 B					
方案 C					
备选方案（应急方案）					
惩罚机制					

事件二：

执行方式	短期利益	长期利益	阻力因素	助力因素	内在驱动力
方案 A					
方案 B					
方案 C					
备选方案（应急方案）					
惩罚机制					

事件三：

执行方式	短期利益	长期利益	阻力因素	助力因素	内在驱动力
方案 A					
方案 B					
方案 C					
备选方案(应急方案)					
惩罚机制					

　　结合"知"和"行"选出最适合当下自己的执行计划并开始落实，同时，将惩罚计划交给身边的人监督自己执行。

知行合一训练总结表格

事件一	完成率	成功原因	失败原因	是否实行惩罚
第一周				
第二周				
第三周				
总结感悟：				

事件二	完成率	成功原因	失败原因	是否实行惩罚
第一周				
第二周				
第三周				
总结感悟：				

事件三	完成率	成功原因	失败原因	是否实行惩罚
第一周				
第二周				
第三周				
总结感悟：				

第三章　让自己永远年轻

第一节　学会自律

志之难也，不在胜人，在自胜。

"管好自己"，是人生最重要的事情。

一个人越自律就会越优秀，所以很多人都在追求自律的生活。想要自律，谈何容易，想要有自律能力，首先要了解自律的本质。

踏入成年人的世界后，我们逐渐了解，想要彻底地改变行为，最快的方式是改变认知，通过加深对自律认知的了解，才能实现真正的自律。

首先你必须意识到人的一切行为本质上是为了追求愉悦，那么问题来了，愉悦的感受来自哪里？根据最新的脑科学研究，我们的大脑里有四种神经递质：多巴胺、内啡肽、催产素、血清素，它们负责为我们带来愉悦的感受，是我们一切行为背后真正追求快乐的四种"辅助"，只有分别认清它们，才能把自律拿捏到位。

一号辅助——多巴胺。它是最广为人知的，它会在人的欲望得到满足时出现，例如：喝到了心心念念的那杯奶茶；买了一直心仪的包包；抽支烟、喝点酒、刷会儿抖音……这些短暂的欲望得到满足以后，带来的心情与身体上的快乐就是多巴胺提供的。

当你看清身体里有一个捣蛋鬼后，你就懂得不要让自己为了追求眼下的快感而一直停留在满足多巴胺的这个层次，因为人心中的欲望是无止尽的，仿佛一个永远无法被填满的黑洞，千万不要沦为欲望的奴隶。

二号辅助——内啡肽，又名胺多酚，它是来帮助我们减轻痛苦，带来愉悦感的，换句话说，是经历前苦后甜的事情以后，带来的快感与欢喜。比如，坚持每日健身、慢跑一小时，当你完成了一件很有难度的事情后，经历了无论是身体还是心理上的痛苦以后，带来的成就感的快乐。当你想做一件事感觉很难、想要放弃的时候，提醒一下自己，坚持下去，因为有一种快乐叫"内啡肽"，你越是能坚持、能忍受当下的痛苦，事后它会给你带来越多的快乐。

可以产生内啡肽的事件有很多，例如：

1. 坚持进行半小时中等强度的运动；

2. 读一本有难度的书；

3. 完成一个需要耐力、有一点难度的项目；

4. 冥想或是瑜伽；

5. 尝试一个新的挑战，或是尝试了解一个未知领域。

三号辅助——催产素，又叫"爱的神经传递"，它的名字容易引起非议，其实并不是只有在生孩子的时候才会产生。它往往在与"爱"相关的时刻出现，比如：与家人或是好朋友相聚的时刻；静静地品茶；与爱人拥抱；得到他人的认可、关心；撸猫、撸狗时；等等。这些快乐都是催产素提供的。

所以，为什么说一定要让自己的心静下来，从浮躁的生活中沉下来呢？就是为了更好地去用心陪伴身边的人、事、物，这样，可以更好地感悟世界带给你的美好，更好地提升学习和工作水平。因为催产素可以带来淡淡的、静静的快乐的感觉，让人心安，使人的心变得干净。

激活它的方式也很多：

1. 真诚地拥抱他人；

2.与朋友愉快地相处；

3.陪伴家人；

4.由衷地赞美别人；

5.为他人真心地付出。

四号辅助——血清素。它在对抗抑郁症领域有很好的效果，能使人精神振奋。当你感到自己对事物有掌控力和影响力的时候，就是血清素在产生作用。例如：当你克制住了自己的悲伤时，你得到的快乐是血清素提供的；当你顶住压力，力挽狂澜地解决了问题后，你的自豪感和成就感是血清素在工作。产生血清素的最好方式就是，不用权力与金钱去掌控别人，而是学会用自律来约束自己。马太效应说"越优秀的人越优秀"，因为只有优秀自律的人才真正享受着血清素带来的快乐。因为它只有在你控制住自己的原始欲望之后才会产生，例如：

1.保持健康的饮食；

2.坚持早睡早起；

3.每日反省，复盘；

4.坚持运动；

5.坚持用积极的心态去看待事物。

到了这里，自律的答案已经很清晰了，多巴胺带来的快乐只需要放纵就可以获得；其他三种都需要自律才能与其匹配。从生物学角度讲，这个世界上的一切美好与快感源头只有这四种，当我们看清以后，聪明如你，从此自然也不会放纵地让自己沉浸在其中一种快乐之中。自律如同逆水行舟，不进则退，多巴胺则是"顺流而下"，使人一路下滑的人性本能。

道高一尺，魔高一丈，不进步就是在退步。

所有自律的人都是痛苦的，但痛并快乐着。他们的选择都是权衡利弊之后的自我约束与自我管理。当我们认清放纵的元凶以后，自然不会轻易地放任自己沦为欲望与堕落的囚徒。

很多人说：人生在世，"吃穿"二字。这句话不成立。放任自己随波逐流没人会责怪你，但是跳出来嘲讽那些努力上进又严格自律的人，反而就不道德了，因为自律全在于自己的选择，那些伟人和优秀的人，他们用实际行动和结果告诉我们："如果你一生只有一次翻身的机会，只能竭尽全力。"

无论在什么年纪千万不要活得太安逸。越是优秀的人，越有危机意识，越懂得突破固有的思维，接受新的挑战。

自律，从来不是迫不得已的痛苦，而是明白人的自主选择，因为只有自律才能看见更丰富多彩的人生。

如果你不能接受自己的平庸，那么请从自律开始，积极寻求自我改变。

欲望人人都有，只有自我约束者，才能使才华更好地释放。自律的体验一开始可能是痛苦，可是再痛也痛不过辜负了自己的心痛，再苦也苦不过失去希望的煎熬。所以，制订计划吧，然后坚定不移地执行起来。

学会延迟满足。

延迟满足，可以理解为：放弃眼前一丁点儿小的利益和短暂的快乐，为将来更大的收获和更多的成就做准备。例如：这个周末，你的面前摆着两份工作，一份任务很重，着急要完成；另一份比较简单，很快就可以完成。

但是，在你面前还摆着一个很大的诱惑，你最喜欢看的比赛节目马上就要开始了；如果你想先看节目，那么工作量和工作任务就会更重；但如果你想完成工作再去看节目，可能会错过一些精彩片段，最后只能在网上找回放录像看。

延迟满足的人，往往会选择：先完成任务重的工作，完成之后再去看节目，把它当成是对自己的奖励；看完节目之后，再去完成那个轻松的任务。甚至有些极为自律的人，比如我自己，会选择一口气把两项工作都完成以后再去看节目，再加上一杯红酒，当作对自己的奖励。

相反，无法做到延迟满足的人常常会忍不住：选择先看一会儿节目，先满足一下自己的好奇心与愉悦感，然后再考虑工作的事。

从本质上说，延迟满足就是拖延症的反面；能做到延迟满足的人，往往具备超高的自律性；而做事拖拉的人所缺少的，恰好就是自律性。

极度自律的人，他们都坚持长期主义，他们要的是未来的收益，而不是今天的快感。

克制住纠正他人的欲望，成年人的自律要上下兼容。

要把一件事情做到极致，其实大部分时候都是很平淡，很枯燥的。高光时刻只有取得阶段性成果的那短暂时刻而已。

降低对"赚大钱"的期待，把每件事做到极致，一瓶饮料，一罐茶，一瓶辣椒酱，小钱也能变大钱。带着使命感经营企业，同样可以创造上亿资产。

自律，是一种能力，更是一种素养。能克制自己的欲望和冲动，是一个人综合素质的一种体现。克制欲望与冲动，更多的是一个人内在的控制，对自己内心和情绪进行管理及约束；当他跟别人产生矛盾，随时都有可能争吵甚至拳脚相向的时候，他往往能及时克制住自己的情绪，考虑到后果，让自己冷静下来。这种人往往是克己的，克己的人更容易实现自己的目标。

不具备延迟满足能力的人，是今朝有酒今朝醉；他们不在乎明天，只享受当下的快乐。看似潇洒，可快乐之后呢？剩下的不过是满地鸡毛。

真正的强者，都是善于战胜自我的高手。

孤独是最高级的自律，圈子小了不是为了清高，是为了更清醒地审视自己。宁愿独处，也不强融；宁可孤独，也不违心。懂得享受孤独，在独处中修炼自己，是一种极高的智慧。

王者的自律清单

生活习惯篇

1.多喝接近体温的水，预防湿寒体质；

2.坚持早睡早起；

3.时时勤拂拭，勿使惹尘埃，每周定期一次大扫除；

4.多吃蔬菜水果、五谷杂粮；

5.每天坚持自省及复盘；

6.每周给自己做几顿饭；

7. 学习化妆，保持良好的仪表，尊重自己也尊重他人；

8. 学习穿搭，找到适合自己的风格，以便用来应对不同场合；

9. 控制饮酒量；

10. 坚持健身，合理饮食；

11. 谨言慎行，少说废话；

12. 对物品每日归纳整理，不要丢三落四；

13. 做事不拖拉，按时完成计划；

14. 把钱花在重要的地方，有合理的理财计划；

15. 保持勤奋，不荒废时间，充分发挥时间的最大价值；

16. 抱着谦卑的心，低调做事，多向他人学习请教；

17. 许下的承诺，必须遵守；

18. 时刻提醒自己的使命，不断鞭策自己的言行；

19. 不要放纵自己的欲望，保持头脑清醒；

20. 可以适当休息，主动调整节奏，为了将来更好地投入工作。

第二节　学习可以抗衰老

学习是为了知道自己的无知，

然后站到一个新的高度去更好地看清世界与自己。

真正的学习是从认识到自己的无知开始的。认识到自己的无知才能真正认识这个世界。而事实上，人类的认知塑造了自己的一切，行动、思考、决策等都依赖于认知。而认识到自己的无知是第一步，承认自己的无知是第二步，直面无知才能不断地学习和进步。

知识不能变现，认知能变现。

人们永远赚不到超出自身认知范围的钱，除非运气极佳。

靠运气赚到的钱，最后往往又会靠实力亏掉，这是一种必然。

学习是维持平衡的顶级方法

人生是一个追求平衡的过程，有目标，没有达到时，就是一种失衡；收入少、支出高的生活，是一种失衡；想要而不得，是一种失衡；因为认知不到而做不到，也是一种失衡。

我们所做的一切努力，所有的坚持都是为了将眼下的失衡变成平衡，学习就是最有效的维持平衡的方法，不断提升认知，才能及时意识到自己的"偏航"，然后积极补救与修复，让自己不要在失衡的道路上越走越远。

富人，之所以热爱学习，甚至持续让自己处于学习的状态中，就是为了保持高强度的危机意识，以及对外界事物敏锐的嗅觉，以便对自己的认知盲区及时修复，因为只有这样，才能保持在相对平衡的状态里。不断学习，不断自省，可以加速缩短梦想与现实之间的距离。努力学习不一定有成就，不努力绝对不会有成就。

认识自己的无知，是认识这个世界最可靠的方法。

有三种学习方法：向书本学习，即从书中吸取营养，学习"前人"的智慧；向他人学习，即以开放的心态，学习别人做人和做事的本领；向自我学习，即不断地自我反省，使今天的"我"超过昨天的"我"，明天的"我"超过今天的"我"。

世上没有对手，没有敌人，你真正要击败的对手是胆小、懦弱、不思进取的自己，是因为懒惰、自负、贪婪而造成种种不顺利的那个昨日的自己。

纸上得来终觉浅，绝知此事要躬行。

拾人牙慧，不是本领。

学习并不是复制对方的观点，而是学习他们的思维方式，然后将其运用到自己的生活中，在实践过后，产生出自己的感悟，形成自己的认知体系。到了那时，才是你一生都不会遗忘的"知识"，成为你一生的宝贵财富。

一切知识若没有丰富的实践和感悟，都只是你的某种工具，只有经过了千锤百炼的实践与练习，才能深入骨髓，用起来得心应手，与你融为一体。要不断地实践，不要怕出丑，要对事物透彻地理解，掌握其深度、高度，前后逻辑，思维密度等。努力把知识变成自己的体系，那是镶嵌在骨子里的"功夫"；早晚练习，当你的"一拳"可以顶别人"十拳"时，你才是一个对家庭、对社会有意义的人，那时你已经走在了通往成功的璀璨道路上。

要以能者为师，以达者为师。

我们每个人都应尊师重道，以能者为师，向强者看齐。除了向圣贤大家学习之外，最重要的是向周围的人学习。"当下师为无上师"，向你的上级、领导学习，向你的同事、朋友学习，向一切比你优秀的人学习。

人各有所长，任何一个人都有值得我们学习的地方。你要相信物以类聚，相信吸引力法则，只有你自己足够好了，那些好的人、好的事、好的运气，才会被感召而来。

我们的时间是宝贵的，转瞬即逝，特别是在疫情环境下的这几年，时间过得飞快。所以，千万不要以为自己还有大把时间，"我生待明日，万事成蹉跎"。要做好人生规划，明确事业目标，把握时光，从当下做起，努力奋进，修身律己，别让宝贵的时光随意流失，别在回眸人生时感到遗憾和惋惜。

让学习成为一种习惯，人生就像是存钱罐，你能释放多少能量，取决于你储蓄了多少。不积累人际关系，无法支取帮助；不储备学识，无法支取能力；若不积累汗水，就无法获取成长。

想要拥有取之不尽的幸福与成功，就要不断地储蓄付出与努力。所有成功的背后都付出了汗水与努力的代价，那是磨炼灵魂换来的财富与价值。

生活是一本无字经书，你要的一切上天都已经给予你了，只是平日缺少发现。要认真地生活与工作，要提升自己的认知与格局，这本身就是一个学习的过程，不断学习可以使我们永葆青春。

第三节　极致的力量

我们现在不缺少事情做，缺的是把一件事做透的能力，未来社会有一种核心竞争力，叫"做事极致"。

极致的专注，极致的用心，极致的忘我……都是顶级人做事时的一个状态，看似有点儿疯狂，但正是极致成就了他们。

什么是成功的人？就是认准一个目标，付出全部的努力，虽然不能马上到达，但每天一点一点地接近，坚持到底就是成功。什么是奇迹？那也无非是一点一点的积累。循序渐进，不止不休，把简单的事情做到极致就会发生奇迹。

任何一件小事，都因为专注而变得伟大

现在的互联网时代，看似到处都是机会，但属于你的机会并不多。就像找工作，看似每天都有好多工作岗位急需要人，但真正适合你的、你满意的没有几个。知识碎片化，也使人们对事物的耐心程度直线下降，一切都以快为先。

足够专注，通过专注地做事，将技能打磨成自己的能力，才能找到属于自己的机会。

跑马圈地的时代已经结束，精耕细作才有未来。在一个地方打井，只要挖得足够深就能成功。我们要安静下来，是时候专注地打磨自己的实力了。

无论是做企业还是闯事业，未来不是比谁先动手，而是比谁活得长；不是比谁做对的事情多，而是比谁犯的错误少。

如何做到极致？就是把事情"简单"化，大易至简是乾坤，真正的高手都善于从复杂中发现核心亮点，全力主攻，因为只有简单，才能聚焦所有力量做到专注，只有专注，才能达到极致。

乔布斯曾用"专注和完美主义"来标榜自己。他认为只有真正的艺术家才会这样，也只有真正的艺术家才能取得商业上最大限度的成功。

当年，面对濒临倒闭的苹果，乔布斯清醒地意识到，拯救它的唯一办法是，将工作重点聚焦到最擅长、最有价值的事情上。

当时的苹果根本没有焦点，每一个小组都在做同样的事情。苹果公司要生存下去，就一定要砍掉更多的项目，要有焦点——做苹果擅长的事情。

做事极致的前提条件：

第一，分析到极致。做透一件事的前提，首先要有一个完整且正确的认知，审视自己看待问题的视角和初心，有时候选择比努力更重要。

第二,解读到极致。做透一件事要看透它的本质,从纷繁中寻找规律,从偶然中寻找必然。任何一件事都有其本质规律,就像商业模式一样,任何成功的商业模式都直击商业本质。只有真正明白商业本质是什么,才能更好地量身定制我们的商业游戏规则。

第三,打磨到极致。你就是你自己最好的产品,把你自己当作世上最优秀的产品,用心下功夫,把事情做透、做精、做深。

极致专注力的思路:

选定一件事情,在启动以前,思考下面的清单,先做1~8步,然后在此过程结束后,回过头再重复第5~7步,在项目结束后,再从第3步开始复盘。如果你喜欢这个过程,也可以多重复几次,一定会有更有趣的感悟。

	清 单	内 容
1	我在做什么?	
2	为什么要做?	
3	带来什么短期利益?	
4	带来什么长期利益?	

	清 单	内 容
5	我的执行方法是否合适？	
6	开始专注用心地做事（过程）	
7	细节是否有遗漏？	
8	如何再完善？	
9	做事、打磨、反思、反复	

第四节　不要人云亦云

我们无法做到连自己都不相信的事情

唯有相信，才能有所谓的梦想成真，唯有心中有梦，才能有顺理成章的心想事成。不知道自己方向的人，从来没有顺风一说。

梦想不是欲望，有梦想，更要勇于追梦，梦想的力量可以使人坚持下去，并且即使失败也无怨无悔。明确梦想是成功的第一步。

梦想的力量，与坚持放在一起，是一股不可抵挡的力量。当内心深藏的梦与想被唤醒，坚持不懈地努力，才能将优秀转化为现实。

穷人（普通人）习惯幻想，（成功者）富人追求梦想。追求财富不应该是一张"空头支票"，我们要为自己的梦想买单。

马云读书的时候成绩很差，尤其是数学。1982 年马云第一次参加高考。他填报的是北京大学。但是他的数学，只考了 1分。第一次高考落榜后，他认为自己根本不是考大学那块料，于是他开始四处打零工谋生计。

人生之路，不仅是漫长的，更是充满坎坷曲折的，若要有所成就，必须经历一番磨炼。在经过一番深入思考之后，他决定再战高考。他开始勤奋地学习。1983 年，19 岁的马云第二次参加了高考。这一次，他满怀信心。但是老天偏偏喜欢跟他开玩笑，他再次惨败，数学只考了 19 分。

成绩出来之后，父母都对他不再抱什么希望了，认为这孩子注定考不上大学。但是马云却不甘心，他不甘心一辈子只当个临时工，他要考大学。他明白只有考上大学才能改变自己的命运。由于父母不再支持他考大学，所以他只有边打工边复习。他那时常常跑到浙江大学图书馆去学习。在浙江大学，他认识了 5 个落榜生，他们经常聚在一起谈他们的抱负和理想。但他有坚持不懈、勇往直前的品质，他通过自己的努力，最终成功了。他说：梦想，要脚踏实地，而且和眼泪息息相关。

对普通人来说，梦想是用来幻灭的；

对强者来说，梦想是用来实现的。

梦想的意义，是为了让我们坚持下去，持续努力。中国有太多的企业家、创业者，由于内心缺少梦想与信念，以及深埋在骨子里的投机主义，给自己和企业带来了灭顶的灾难。

顾头不顾尾的短期投机主义，心中对事业和企业没有使命感，对社会没有责任感，只管自己，无视他人，这样的经营理念和商业思维害苦了多少企业及老总，又让多少企业陷入"做不大、做不强"的困境之中？相信，每个人心中都有一本账。梦想不是用来说的，而是做事时树立的远大的理想，确定战略时的坚定，以及决策上的准确。

"我也想那么干，我也知道这么干肯定不对，但是我总得想办法，先让团队有饭吃、让工人有活儿干、让生产线转起来、让企业活下去吧？"

"别跟我谈什么理想、谈什么未来，我只想靠汗水赚点钱、养家糊口，不想做什么百年企业，也不想搞什么模式创新，就想这样安安稳稳地走下去"。

"我心里清楚如今的市场环境是不变不行了，但是怎么变、何时变，感觉实在是太难了，不只是我一个人感觉难，身边的同行都很难。所以，有时候我在想，还不如转行加盟个奶茶店算了。"

"我们公司的想法其实很简单，就是想通过卖产品赚点儿差价，产品送货、安装，以及用户投诉等一系列服务性问题都由工厂出面解决。只赚卖货的钱，没有那个命去赚经营用户的钱。"

多年以来，在一线市场，无论民营企业，还是供应商，都存在大量的"投机主义"和"利己主义"者，总是想着在市场上"赚快钱""赚快活钱"，总希望市场可以一路滚动前行"没有下跌"更没有"暴涨"，希望岁月静好、生活风轻云淡。这样，他们做起来轻松，只需要重复作业。这样的价值观，是横在众多企业追求生存、发展、转型过程中最大的难题。

无论是生活，还是企业经营，竞争都是非常残酷的。无论哪个行业都不容易，眼下无数人的痛苦就在于：生活永远不会一帆风顺、市场绝对不会一成不变，但是市场上很多企业或从业者们的想法总是那么的"不切实际"、总喜欢"白日做梦"，很会"自我慰藉"，面对变化、挑战和阻力，总想着可以"绕道走开"，而不是冲上去"踏平山头"。这种没有远大理念，内心没有抱负的投机主义不仅仅害了企业，还在阻碍着各个产业的变革与进程。

人们之所以习惯于有短期投机意识的价值观，是因为心中没有信仰，没有长期主义精神，更没有长远的抱负和梦想。优秀的企业、富豪之所以可以百年长青，可以抵挡住一次次市场投来的诱惑，是因为心中对自己的企业及人生价值观上的坚定信念，他们将信念变成信仰，成为他们心中的铠甲，一路保护他们前行。没有梦想和抱负的人，看似活在世间，其实他只是在单纯地维持生存；没有梦想的人，终究无法成就伟大的事业。

伟大的事业，不仅需要行动，而且需要梦想，不仅需要梦想，而且需要相信。

——阿纳托尔·法朗士

训练模式　王者的训练

美好的心灵，经历美好的人生

花几分钟时间，列出你的梦想和发愿，创建一个专属于你的梦想数据库，也许写着写着，在不远的某一天实现了呢！

我的梦想是：

_____

_____

_____

_____

要达成上面梦想，我设定的目标是：

_____

_____

_____

_____

_____

眼下需要做的是：

_____

_____

_____

_____

每天至少让梦想在脑中重复三次，制定目标的最佳时刻是在早上（07∶00~09∶00），复盘执行方案的时间在中午（13∶00~15∶00），深度思考的时间在晚上（19∶00~21∶00）。

闭上眼睛，在心中构建出你梦想中的蓝图，越真实越好，用心"看"这些景象，仿佛它们已经发生在你的身边一样，里面的细节、人物、事件、状态，越细致越完善越好。

能阻碍我前进的是：

_____

_____

_____

_____

_____

我最惧怕什么：

_____

_____

_____

_____

专注力训练一：

冥想训练：每周保持 3 次冥想；时间控制在 20 分钟左右。

1. 选好适合冥想的地方：卧室、客厅都可以，原则就是不被打扰，安静，让你有安全感。

2. 采用合适的姿势：没什么固定姿势，但是躺着容易睡着，站着很累，所以一般都是坐着，挺直腰板方便呼吸通畅，也可轻轻背靠着墙或者垫子，闭上眼睛。

3. 明确冥想时间：初学者建议 10~20 分钟。可以定个闹钟，或者听冥想音频，冥想音频结束即停止。

4. 冥想中想什么："冥想≠什么都不想"，也基本没人能做到什么都不想。那该想什么呢？可以想象你在观察自己的呼吸，想象自己看到气流随着吸气进入身体，沉到腹部；然后稍做停留，又看到气流随着呼气流出身体……循环往复。

5. 结束时可以喝一杯温水，不要马上用凉水洗脸或洗手。

专注力训练二：

锁定一件事情，执行前，先思考自己为什么要做这件事，开启内在驱动力，然后寻找这件事中你需要专注的最重要的关键点是什么。例如：冥想时，专注于呼吸；开车时，专注于安全驾驶；打游戏时，只想进攻；健身时，所有意念都集中在某个部位肌肉的发力点，或是姿势的正确度；等等。

每件事，我们只要一个点。

事件	我为什么要做	专注的关键点	当时走神的原因
感悟			

专注力训练三：倒转时间

真正的强者都是逆向思维的高手，通过制定目标一步一步获取自己想要的生活，他们总是先勾勒出自己想要的蓝图，然后无尽地向往，并马上付出行动，于是专注力就自然而然地产生了。

想象一周、一个月或三个月后那个成功、光芒夺目的自己，那个自己一直以来都向往且非常满意的状态，然后，对比未来画面中成功的自己与现在的自己，归纳出有哪些需要我们在这个时间段内去完成的。

画面	未来的我	当下的我	需要做的事

把眼前看似枯燥的工作和事情，联系到未来那个成功的你所需要的一切；赋予每件事一个更美好、更积极、更伟大的使命和意义，它可以帮你挖掘自身的不足，主动学习。

第四章　挣脱禁锢你的枷锁

第一节　击败心中的"恶魔"

意大利有个名画家，他在画人物时有个特殊的癖好：

作品主角无论男女长幼，全部只画一只眼睛。有好奇者前来询问原因，他意味深长地回道："人性的弱点之一，就是双眼都习惯看向外界，却很少自检。"

我们要用一只眼看世界，留另一只眼来审视自己。人这一辈子最大的敌人，不是别人，而是自己。留一只眼睛在心底，时刻检视和反省自我，是我们一生的必修课。

很多人都说我们需要自信。自信，确实可以让我们相信自己是有价值的，相信自己对这个世界存有意义。但是，过度的自信可能变成自大无知、自我赋权、妄想症和自我中心主义。它是搞垮我们人生和事业的罪魁祸首，是阻碍我们实现人生价值的一块巨大的绊脚石。

我们每个人心中都住着一个"恶魔"——"小我"意识，它是自私、贪婪、胆小、自傲的化身，是阻碍我们前进的罪魁祸首。有强烈"小我"意识的人就好像一个巨婴，其厉害之处在于，它会自动过滤那些你认为麻烦的事、辛苦的事，它还会让你以为自己无所不知，并且用各种方法使你沉浸在"自己已经很优秀"的假想里。

人们总是习惯性地、不自觉地认同自己的思维，产生强迫性思考，这是一种虚假的自我。

人生无外乎由过去、现在、未来组成。而"小我"喜欢生活在过去和未来，它不断地回忆过去发生的事情，并不断地投射到未来幻想中，因为它不能真正地活在当下。

人性中存在的最大问题，就是很多人总站在自己的角度，把自己当作标准，以迷之自信的优越感妄想评判和指责他人，甚至沾沾自喜，用自己狭隘的眼光去看待人和事，在生活中，很多悲剧都是因为人性的这种愚蠢而导致的，殊不知这样的小我意识在高人面前就是一个笑话。

真正有高度的人，从来都不会以狭隘的认知看待世界，也不会仅以自己的认知去揣测他人。

"小我"之心，渗透在人生的方方面面，但凡是以自己的利益为出发点思考的想法，都叫作"小我"。

真正伤害我们的，不是我们不知道的事情，而是那些我们自以为知道的事情。

"小我"意识，是贪、痴、嗔、慢、疑的化身，是阻碍你前进的罪魁祸首。

你的身体里有两个声音，一个是"小我"，一个是真实的你，真实的你纯净美好，仿佛晴朗的天空中的太阳，心中没有一点乌云遮挡；那个"小我"，胆小、懦弱、计较、猜忌，仿佛雨中的黑夜，在破烂的草屋中缩着身子避雨的"你"。

你选择让哪一个"你"去思考，去指导人生，决定了你最终的段位与结局。

开悟的人，成功的人，善于战胜自我。

"小我"善于提供"焦点"，让你的意识特定且具体地出现在"此时此地"，而不是如海洋般广阔无垠的"所有地方"；"小我"非常善于把内在的驱动力转化为具体的物质形式。

当你被"小我"意识支配时，它不仅仅会把内在的推动力转化成具象的物质形式，还会控制并选择性地压抑你的内驱力。它仿佛一个自带滤镜的镜头，"帮"你过滤和加工外界给你的信息，好与坏、有利与不利、对与不对等，然后，"小我"就向你呈现一个扭曲过的实相，从而影响着你的决定与判断。

小我意识强烈的人，总是在追求权力和控制，并以这样的观点将所有事实诠释为正面或负面。

你不妨试着留意一下：

你有多经常习惯要身边的人、事、物服从你的意愿？

你有多经常因为事情没有按照你的方式进行而恼怒？

你有多经常因为听到一些道听途说、未加证实的信息，就妄加判断？

你有多经常因为你觉得你是对的，而听不进去对方的观点？

你有多少言行是因为需要外人的认可，而开始夸大其词，自吹自擂？

这些都不是最重要的，最重要的是你必须了解：挣脱"小我"的背后总是藏着对失去控制权的恐惧。

所以请问问自己："放开控制、放开对可预测性的依赖，你有什么风险？你内心最深的恐惧是什么？"

答案很清楚，这便是对未知的胆怯，与面对真实自我的恐惧。

所以，敢于面对自己的未知，是一种勇气，更是一种大智慧，因此，需要放下"小我"的执念，放下那层使你胆怯的"滤镜"。当你都不敢去爱这个世界，又如何让世界爱你？请敞开心扉，对世界充满热爱与包容，带着欣赏去全然接收，此时，它自然会给你它的一切。

挣脱"小我"束缚心法：

1.战胜对自己内心深处的恐惧，学会自视，用内观的视角，在日常生活中观察自己，认出"小我"对自己的统治，真诚地看待自己，接纳自身的不足；不要逃避它们，给它们一份认可，然后用心改正。

2."小我"无法提供给你真正的爱与自尊，它解决自尊的方式其实是个无底洞，里面充满了欲望与怀疑。挣脱"小我"的真正使命是：给自己一份爱与理解，然后自我培养，自我督促，使你心中的"大我"引领你回家，带着你实现更完美的自己。

3.击败心中的"小我"，是我们每个人的必修课，那是横亘在成功道路上的"恶魔"。

4.挣脱它的第一步，是先认清它，这就意味着你看清了自己的另一面，然后再去控制自己的意识，去做正确的决定。这个过程并不意味着你可以充分地觉察到内在的一切，而是你有意愿去面对。

5.成功的人都是在某个程度上开悟的人，他们认清了自己，看透了世界，并且依然选择热爱着、包容着，仍旧为了自己的梦想去努力，去拼搏。

6. 开悟就是爱。爱，指的是接受你自己，并且不懈地努力，成就更好的你；为了见证那个更完美的自己，心甘情愿地付出；为了使这个世界因为自己的出现而变得更加美好去自律、自省、修身、克己。

7. "学须反己，若徒责人，只见得人不是，不见自己非"。真正的王者，碰到问题都懂得先反观内省，检视自我。你是骄傲还是谦虚；是以自我为中心还是心存感谢；是因自己的才能而觉得高人一等，还是视才华为礼物而心怀感激，这些才是决定因素。

8. 所有成功的人，都有自省的习惯，因为时常自我反省，是帮助他们挣脱"小我"意识最好的方法。

王者的"大我"思维	青铜的"小我"思维
● 为他人，为社会，保护身边人	● 事不关己，高高挂起
● 认真做事，要对未来的自己负责	● 重视自己的利益
● 他有值得借鉴学习的地方	● 闻誉而喜，闻毁则闷
● 说不定是我的问题	● 自以为是，目中无人
● 能为对方付出，感到很有成就感	● 渴求他人的爱，却不主动付出
● 面子不重要，把事情办好最重要	● 问题在他，我已经尽力了
● 共同成长，相互成就是一种享受	● 你为什么不为我考虑考虑？
● 这个问题还有很多不足，要多看、多学	● 我的利益在哪里？我的损失谁赔？你影响了我。我、我、我……

第二节　英雄的不足之处

卸下伪装，认清自己，"承认"是一切的前提。

前面说过，"小我"意识会左右你的思维，因为它不喜欢面对挫折，"小我"意识强的人都放不下面子，并且习惯性地认为自己永远是对的，即便这件事做得不对，也是有原因的。狡辩，是因为无法正视。

只有对自己高要求，勇于承认和面对自己的不足，才能修复。所以，大家经常说，优秀的人都"不要面子"。

鲁迅先生在《说"面子"》这篇文章里提到一个观点：面子是中国精神的纲领，……你只要一揪着辫子，人的身体就整个儿跟着你走。辫子被揪住，弱点就在别人手里，往哪儿走都是别人说了算。抓住一个人的面子，就像揪住了他的辫子。

现在看来这一点不只在当时，即便现在很多人也还是如此，因为太在乎自己的脸面，丢掉了真正重要的东西。

你想要守住尊严和面子，从某种意义上讲，是在拒绝成长。很多人总说"我爱面子是性格使然"，很难改变。其实不然，爱面子的背后是"小我"的执念与逃避。太爱面子的人，往往是僵固型思维。他们潜意识里认为人是很难改变的，同时在自己的内心世界虚构了一个完美的自我，这所谓的"完美"不允许被任何事情打破，外化后就是"面子"。因此，他们非常在意别人怎么看自己，有很强的自我证明包袱，一旦不能如愿，脆弱的自尊就会受伤。

顶级人才的自尊心不需要呵护。

——乔布斯

不高估自己，也是一种素养。

前段时间有个朋友想做抖音直播带货，兴致勃勃，摩拳擦掌，准备大干一场。这个朋友之前有类似的经验，觉得自己口才不错，应该没有问题。凭借着这份"自信"，他志得意满地开始了带货之路，想着靠自己的实力一定会赚得盆满钵满。

哪知，才过了三天，他就放弃了。

"我原以为直播带货是件很容易的事，不就让别人买点儿东西，在镜头前讲讲话，介绍一下产品吗？结果真到做的时候才发现，真的没那么简单，我是真的不懂带货。什么时候介绍，什么时候烘托气氛，怎么把握说话的节奏，眼神怎么用等真的不是简单的'聊聊天卖卖东西'那么简单。"

当你认清自己时，说明你懂事了。当你用钱赚回面子的时候，说明你已经成功了。当你用"面子"可以赚钱的时候，说明你已经成为人物了。当你还停留在那里喝酒、吹牛，不懂装懂，只爱所谓的面子，你这辈子大概也就这样了。

只有在潮水退去时，才知道谁在裸泳。

一个人到底有多大本事、有多少才能，实际干过了才知道。如果把自己看得太重，那样只会伤得最痛；把自己捧得太高，往往摔得越惨。

真正的强者，敢于直面自己的弱点，敢于直面自己内心深处的"小伎俩"。正视的意思是严肃对待，不躲避，不敷衍，要从客观而正确的视角去看。赢了，要知道为什么赢；败了，要知道为什么失败，只有如此才能找到进步的空间。

想要迅速缩小贫富差距、快速从青铜到王者，最务实的方法就是先学会低头，学会放下"小我"，正视自己的不足，因为只有如此，才能打磨强大的内心；越是优秀的人，越善于发现自己身上的问题，这不仅是一种胸怀，更是一种智慧。

第三节　太过冒进，帅不过三秒

忘记过去的成绩，忘记从前的失误，放下身段，这样才能追求更好的。

认知是一个人永远无法逾越的天花板。学会在高人面前变成"傻子"，做个"晚辈"，保持空杯心态，这是一个人最快的进步方式。

科学研究表明：人的一生中，绝大部分人其实只发挥了自己蕴含的潜力的10%。也就是说，在这一生中，你的潜力还有90%是没有发挥出来的。你只利用了身心资源很小的一部分，而极少数的成功者，他们却恰恰相反，他们不断地挖掘开发自己的潜力，提升自己。

生活中，有些人取得了一定的成绩就认为自己的水平到了一个极高的水准，不愿意也不相信自己可以往更高的地方迈进，不相信自己还有没挖掘出来的潜能。因此，无论到什么时候，都要保持空杯心态，培养终身学习的习惯。对待新的知识、思想不要有任何成见。吸收和接纳新知识，才是不断成长的良药。

而空杯的好处恰恰是让你能经受生命极大的震荡，逼自己反思和成长、创新和改造，最后激发出自己都无法想象到的生命潜能，创造连自己都想象不到的生命奇迹。

"空杯心态"就是忘却过去，特别是忘却成功；"空杯心态"促使人们始终坚持不断地学习，与时俱进。因此"空杯心态"其实更像是一种挑战自我的永不满足、不断追求卓越的思维方式。而拥有这种心态的人，时刻懂得清空自己，也能保持比较好的学习状态。

你以为的，永远都只是你以为。

事物分歧的产生理由各种各样，但争论最大的原因莫过于人们总是习以为常的"我以为"。

我们以为别人脱口而出的一句"谢谢"，是真心想表达感谢，却不曾想别人的"谢谢"只是一句客气话，他真正想说的是"你做得还远远不够……"；你以为你明白了甲方的需求，却不知，你是站在自己的视角，用自己的认知去判断对方的要求。然后很自信地脱口而出说一句："明白了。"

当人们在谈及"我以为"三个字时，归根结底是一种自我执念，是人们沉迷于自我观念，经"小我"过滤以后的一种表现。

有时候明明是我们看错了世界，却总会自欺欺人地说是世界辜负了自己。因为看不透事物的真相，执迷不悟，所以才会在迷惘中越陷越深。要想提升认知，就必须先学会放下自我。

看得见的东西叫知识，看不见的是认知。

人生的贫穷与失败，往往不是最悲惨的，最悲惨的是一直坚持着错误的想法，并且认为它是对的。成年人学习的目的，是为了搭建更高维度的认知、打磨更好的思维方式，而不是单纯地为了获得某种专业知识。认知的缺乏，会使人固化在一个低阶的思维模式中，即使你增加再多的知识信息量，也只能驾驭低水平的重复作业。

有意识地认知自己的无知，是取得成功的第一步，让求知所激发的谦卑心与好奇心来不断扩大自己意识上的实力。认知与学历无关，更与身份地位无关。它考验的是一个人放下执念的能力、正视自我的勇气，以及做人做事时刻自律自省的韧性。

所以，成功的人，之所以成功一定有他们的前提条件。不要嫉妒，要借鉴，要学习。他们之所以有今天的局面，一定是做出了巨大的牺牲，付出了多于常人的努力与代价。

人的最高境界是自我救赎。

人生是一场漫长的修行，需要时常约束，事事打磨，把做人做事当作成就自己的"工具"，谨慎、低调做人，放下傲慢与偏见，时常对自己的认知与能力进行审核与重整；不要"我以为，我觉得"，保持空杯心态，做个晚辈，给新的认知、新的能力留出足够的空间。

第四节 这是一个团队游戏

一个盲人在走夜路的时候，手里总会提着一盏明亮的灯笼，人们对此十分好奇，问道："你自己又看不见，为什么还要提着灯笼走路呢？"

盲人回答："我提着灯笼，既为别人照亮了道路，别人也容易看到我，不会撞到我。这样在帮助别人的同时，也保护了我自己。"

成功人士的惯性思维习惯之一：利他。利他的背后是真诚付出，相互成就。这不是为了财富或物质利益，而是为了一个高于物质的东西，可能是使命、信仰，或是其他意识心态。利他的最高境界——无我。就像水往低处流，水润万物，看似无力，但是可以净化万物，成就万物。

大海因为包容，所以才会凝聚一滴滴水成就大海；山不择小，才会成其大。在人生的成长之路上，一定要学会建立自我，追求无我，只有不断突破狭小的自我，才能拥抱更大的世界。

强者的利他不是没有自我，而是如何通过自我，满足更多人的需要，因为自己的努力让更多人受益，这才是实现个人价值的更高境界。

任正非，在创业的过程中，他奉行财散人聚的理念，将股权分给员工，不断分钱、分权给众人，聚天下人才而用之。正因为这样，大量的人才都愿意在华为这个平台上一展所长。随着众多人才的努力奋斗和不断成长，华为的事业越做越大，而任正非作为企业的创办人和领导者，也收获了巨大的成功。所以作为创业者一定要想清楚，你的追求使别人成功，那最终受益最大的人，也必然是你。

真正的利他，并不是简单地牺牲自己、一味退让，而是一种系统化的思考方式，从全局出发，暂时牺牲短期的"小我"，通过利他的行为，实现长期的"大我"。

只有受益他人，才能实现自我。利他之心，不是消除自我，不是消灭自我利益，而是确切地认知到利益他人，就是利益自己。

为他人造福，自我才得以成就。

万事万物皆是你，是另一个时空下那个没有开悟的自己，何必自己为难自己。

真诚地对待他人，就是真诚地对待自己。利他法则是你获得成功的关键武器之一。

成功只是一个概念，和金钱没有必然的直接关系，而是衡量一个人能与多少爱连接的能力——家庭、集体、企业、社会、国家、世人的，甚至是世间万物的；他们与你心中的使命相连所贡献出的价值才是你真正的财富。

一个人变强的三个征兆：

不抱怨——凡事从自己身上找原因；

目标强——心不换物，物不至；

利他心——利他就是最好的利己。

——稻盛和夫

无论是企业还是个人，都不应为了个人利益追逐无尽的扩张，而应该考虑如何为社会创造价值，使社会及国家整体为受益前提，顺应天地，利他而为。

宗族传承，是中国最重要的文化信仰，代表着一种延续，这本质上也是一种利他。现代的一切经济体系差不多都引进了西方的思想和意识，西方的近代文化以个人享乐主义为主，这与我们中国人骨子里的思想并不一样。

真正意义上的中国经济市场不应该是个人的，不应是单纯利己的，而是应该带有民族、家族传承责任的。中国从古至今的经济思想从不是个人主义和享乐，我们的经济活动虽不是以天下为志，但确是以造福家族、造福乡里为志，延续至今，其本质就具有利益他者的精神。

王者的利他思维	青铜的利他思维
● "你们先"	● "我先"
● 多为对方考虑，换位思考	● 怎么做，我才能受益最大化?
● 我的出现能给你带来什么价值?	● 我的出现能得到什么?
● 你们都好，我才能好	● 没有底线地付出，形成讨好型人格
● 利他后，才能利己	● 又不确定有没有回报，为什么要做
● 我这么做，对他人有什么积极的影响?	● 先听听对我有什么好处，我再选择"利他"
● 多付出，且不期待回报	● 我付出了，必须有所回报
● 我的利润，最终都将贡献给社会	● 挣到钱就行，管那么多干吗

训练模式　王者的训练

放下"小我"训练：

首先你要感知自己的"小我"意识和想法，这个练习可以帮你"看"到心内深处的另一个自己。

遇到一件事时，给你自己的脑子按下暂停键，或当自己有强烈的主观想法时按下暂停键，拿出纸笔，写下：

我在想什么	我的情绪是什么
态度积极 or 态度消极	聚焦自身利益 or 他人利益
我的想法经过分析 or 主观意识	牵扯或关联的人、事、物
我的初心是什么？	内心的小自私是什么？
说这话，多少是为了面子？	知道为什么做不到？

通过上面的表格，用旁观者的视角分析自己的想法，客观地看待自己的内心活动、认知和思维方式。每天坚持至少一次，并写下心得感悟。

心得感悟：

请认真感悟自己当时的状态和心态，总结事物的发展趋势。"小我"意识，与你最终的收获有着非常微妙的关系。

自省训练：

类别法：

每周写下这周内三个遇到的最令你郁闷、纠结、烦心的人、事、物，然后通过表格的引导，学会从自己的身上分析原因。

人、事、物	为什么郁闷	我的不足	因为我没有……	因为我以为……
事件 A：				
事件 B：				
人物 A：				

人、事、物	为什么郁闷	我的不足	因为我没有……	因为我以为……
人物B：				
物品A：				
物品B：				

仔细分析这个表格，看看造成使你郁闷和不愉快的原因，是否出现了认知与"小我"意识上的问题，导致了认知偏差、理解不足、过度排斥等。如果有，请逐一列出：

1.

2.

3.

换位法：

对方更希望获得什么？被如何对待？期望听到什么？从你这里对方期待得到什么样的反馈？哪一句话或哪一个动作，我可以有更好的处理方式？

	对方的期待	我是否做到	哪里不足	哪些还不错
在礼貌上				
在表达上				
在共情上				
在回答对方问题上				
在态度上				

	对方的期待	我是否做到	哪里不足	哪些还不错
总结感悟：				

对比法：

聚焦对方的一个或某个优点，或是你想要学习到的能力，对比自己的同类能力，进行对比总结。

	对方的表现	我的水平	哪里不足	哪些还不错
仪态谈吐				
口才表达				
思维逻辑				
认知高度				
认真的态度				
专注力				
包容心				
谦卑心				
其他				
总结感悟：				

最后一项训练——永远保持饥饿！

第五章　有种法力，叫作你的经历

第一节　提升经验值

法力＝方法＋力量

一个人高明地解决问题，决定了他人生的高度。做事时采用正确的方法，发挥极致的力量，就是在展现一个人的整体实力。如何全面地分析问题、辨别方法，并使用高效的方式输出自身能力，这个"法力"需要通过生活中的一次次经历和思考铸造。

王者，无非是通过自身无数的经历和思考，最后，拥有了比一般人更丰富的方法论和执行力而已。他们通过实践和经历，提升了自己的视野和认知，延伸出更多的能力。经历和阅历，使他们对特定领域的事物更加了解，更加善于发现本质规律，具备更优秀的思维方式，可以更好地调控事物。而这些，在外人看来，觉得他们法力高深莫测，其实不过是人用心经历后的必然结果。

你的经历就是你的法力

你必须有所经历才能深刻认知，纸上得来终觉浅，绝知此事要躬行，拾人牙慧，纸上谈兵，最终知道做不到，无法知行合一，这其中缺少的是你对事物深刻的经历和感悟。

众所周知，马云第一次去美国创业是被骗去的。当马云从那帮人的黑窝里逃出来后，没有立刻回国。他想起了杭州电子工业学院的外教同事之前说起过的因特网，而且那位同事的女婿就在西雅图当时仅有的网络公司工作。于是马云飞往西雅图，找到了那家公司。

公司里的人跟他说，要查什么就在电脑上面敲什么。他就在上面敲了"beer"，结果搜索出来德国啤酒、美国啤酒和日本啤酒，但就是没有中国啤酒。接着他又敲了个"China"，搜索结果却只有由数十个单词组成的中国历史介绍。因为亲眼见到了，因为这段经历，马云才那么坚决地相信互联网是中国经济的必然发展趋势，这给了他无限的动力与决心，才有了后来马云创建阿里巴巴平台的故事。

一个人的想法不会凭空而来，都是与身边发生的人、事、物发生作用后形成了经历，然后被潜意识地记在心中。如果没有这段被骗的经历，我想马云想破脑子也想不到"互联网"是什么东西，因为他都没有见过，没有经历过，又如何能获得"法力"？

因为只有经历才能思考，只有切身感受过才能有所感知，才会有深刻的记忆和认知。要让自己不断经历，不断积累认知，对事物有敬畏，对生活有热情，才能真正地明白什么叫活在当下，珍惜眼下的每一次交锋，这才是经历带来的最重要的价值。

没有深夜痛哭过的人，不足以谈人生！

没有经历就没有思考，只有认清世界的本质，才有资格谈人生！凡是过往，皆是经历，有了经历，才会有思考，才能去真正地认清这个世界的本质，才有资格谈认知、谈价值。

你都没有"见"过这个世界，哪来的世界观？

人生需要积淀，只有达到一定的量，才会发生质的变化。人生是一个不断积累的过程，成功绝非偶然。量变到了一定程度会引起质变，此时，才会有所谓的顿悟，所谓高深的"法力"。

人生没有白走的路，你走过的每一步都算数，它会在未来的某个时刻生根发芽。人情阅尽秋云厚，世事经多蜀道平，你的经历就是你最终的"法力"，而法力只是为了达到目的你才会用的方法与力量。但是，当你的方法与能力之间匹配、融合得天衣无缝时，你就是可以创造神话的那个人。站在山巅与日月星辰对话，潜游海底和江河湖海晤谈，与每一棵树拥抱，与每一株草私语，方知宇宙浩瀚，天地可畏，人生灿烂。只有经历过，才能说自己拥有，只有拥有过，才有资格说知道。

第二节　消除视野盲区

人的眼界与境界，决定了认知的天花板。

什么是眼界？

眼界是所知事物的范围，借指人们认识客观事物的宽度或广度。

什么是境界？

境界本意指土地的界线，现指人们思想认识上所达到的深度与高度。

境界与眼界有着密不可分的关系。人们用"井底之蛙"比喻眼界狭窄，用追求"蝇头小利"比喻境界低微，用翱翔于万里长空之上的雄鹰比喻目光远大、志向高远，所表达的，正是眼界对境界的意义。

没有开阔的眼界，就很难拥有崇高的境界。眼界决定境界。"夜郎自大"，是因为崇山峻岭阻碍了夜郎国君的视线，不知丛山之外汉之辽阔。视野所及，心之所思，行之所至，眼界决定了认知的高低。

眼界的高低，分为几个层级：

第一个层级：无格局。处于这一层级的人，通常随波逐流，当一天和尚撞一天钟，做事情没有什么主见。他们很容易被别人影响，盲目跟从，人生没有什么目标。

第二个层级：关注自己。做对自己有收益的事情，关注与自己相关的利益，为了自身的发展，设定目标让自己达到，加快自己的成长。生活中大多数人都属于这一层级，知道自己想做什么，以及为什么要去做。

第三个层级：看见世界。能达到这一层的，都是某个领域的高手，通过自己的努力拥有了无人可以替代的实力，人情阅尽，事事经过，见过世面，见过高山，所以他们清楚自己在世间的位置，真正理解了"人外有人，天外有天"。

第四个层级：为世界。到了这个层级，他们不再争夺高低或为了利益，而是一路走来，眼界成就了格局，从只为自己而活，到见过世面，仍然努力为他人谋福利，形成了使命感；然后再真正地放下恩怨情仇，不在乎所谓的名利，无我相，无他相，无众生相，期待做出有意义的事情，为了自己的理想与使命传承精神与文化。

眼界决定格局

它是你见过各式各样的人，走过各式各样的路，经历了各种磨难，自然而然形成的意识境界。我们身边有些企业家和富豪，不了解他们的人都说他们有大格局，其实所谓的格局不过是他们经历了酸甜苦辣、商海沉浮，以及受过的委屈和磨难，最后留下的支撑他们的东西罢了。

格局，是你在有过丰富的经历后所沉淀下来的智慧，同时也映射出你的人生态度。你的格局和眼界在很大程度上决定了你的人生最终能达到的高度，也决定了你成功的高度。

付出就想马上有回报，你适合做钟点工；

期望能按月得到报酬，你适合做打工族；

耐心按季度领取收入，是职业经理人；

能耐心等待一到两年，适合做投资家；

用一生的眼光去权衡，你就是企业家。

这世上，很多人，只想用钟点工的思维去换取企业家的结果，所以才会纠结、痛苦。

失败，往往是败在自己的眼界和认知上

企业家的认知决定着企业的兴衰，他们的眼界至关重要，因为这里面包含了他们的阅历和对事物的认知，这些影响着他们对事物的判断、思考方式和认知。导致企业失败的往往不是企业家的能力问题而是其认知局限，最终的失败是在为企业家的认知局限买单。

谋大事者，首重格局，无论是对刚刚踏入社会的年轻人、创业者，还是企业管理者和经营者，格局都非常重要。格局决定了你的视野，甚至对事业发展方向的选择、战略的执行、组织管理、团队迭代等具有至关重要的影响。一个格局不够高远的人，无法开启成功的人生。

没格局的人，比没钱更可怕。

——曾国藩

格局高的几大表现：

1. 坚持正向思维，站在他人、社会层面思考问题；

2. 追求长期利益，有远见；

3. 爱学习，追求进步，严格要求自己；

4. 不抱怨，脚踏实地地走好每一步；

5. 不甘平凡，努力奋进，改变人生；

6. 具备人文情怀，有同理心，能包容事物；

7. 不纠缠，懂得放下。

如何通过实践达到这种境界？很简单，我们可以先用一支笔和一张纸，写出以下问题：

1. 回想最近一个月或者几周，自己做过的最有意义的事情。

2. 思考自己在做这些有意义的事情的过程中的感受和收获，写下来。

3. 在未来一个月的时间表中列出和上面相似的事情，下个月就执行。

4. 近期，是否接触过层次高的人、阅历经历都比自己丰富的人，写出他们给你的感受及收获。如果没有，请创造这样的机会。

第三节 让自己心怀梦想

每个人都应该拥有属于自己美丽的梦。梦是快乐的，梦是精彩的，梦是有意义的。生活因梦而精彩，也因梦而富有意义。

我们如果想做成一件事，有梦想是最重要的。房子靠柱子撑，人靠梦想活。它是做人做事的第一步，是我们前行的底气，也是支撑我们走过荆棘的原动力。

有梦想的人一定会对自己严格要求，如果在生活、工作中得过且过、安于现状，那么他就没有资格有什么梦想。我们可以对自己妥协，找出多种理由自我安慰式地一次次放低对自己的要求，可是生活却不会始终对你宽容。自律是成功者的通行证，我们只有克制自己的欲望，对抗自己的惰性，才能更坚定、更有底气地面对生活中的艰难。

"所谓活着的人，就是不断迎接挑战的人，不断攀登命运险峰的人"。困难与挑战就摆在每个人鲜活的生命之旅中，就真实地存在于你的生活中，你也必须靠着梦想与信念的力量，忍受艰难、严格自律、迎接挑战，从而完善自己，撷取成功的花朵。没有梦想、没有追求与信念的人生是见不到光明的苦难长途。所以，你应该有一个美丽的梦想、有一种追求与信念。

生活再苦再难，我们也总有办法活下去，深夜再黑再长，有梦的人也一定能撑到阳光照耀的时刻。有多少孩子经历了无数个不为人知、默默练习的日夜，才考上梦想的大学；有多少运动员一次次跌倒又爬起，坚持苦练，才赢得金牌。他们从来不会因为梦想太远而惧怕，也不会因为生活苟且而气馁。可以真正做到长期自律的人并不多，要想不在失败后愧疚自责，就得对自己足够狠心。只有吃得了自律的苦，最终才不会吃平庸的苦。

逐梦本身，就是一种幸福。

真正的幸福只有当你真实地认识到人生的价值时，才能体会到。最幸福的人，是那些知道自己要往何处去，并行走在路上的人。你会在某一刻突然明白，原来所有的发生都有原因。你会发现，那些你吃过的苦、流过的汗，铺就了你前行的路。你走过的路、读过的书、爱过的人，都在使你成为更新更好的自己。

想成功，首先要问问自己，你的梦想是什么？没有梦想，拿什么成功？

一切伟大的前提，是远大的志向，一个强有力的梦想；梦想，是一切成功的驱动器与防护伞。它可以使你坚持走下去，也可以保护你不受外界诱惑。你想成为怎样的人，取得多大的成就，很大程度上取决于你的心力。

面对生活的荆棘，不要迷失梦想。

很多人被眼前各种烦恼所困扰，或者总是害怕未知的将来，于是放弃努力，或是等待，从而消耗掉了自身的雄心壮志，在生活的荆棘中遗弃了自己最初的梦想，安于琐碎而烦闷的平庸生活。

让梦想成为你的驱动力。

拿破仑曾靠着这种自我驱动的方法，使自己从出身低微的科西嘉穷人，成为一代帝王。林肯也借助这种方法跨越了巨大的鸿沟，从而走出伊利诺伊州的一栋小木屋，成为美国历史上最伟大的总统之一。

梦想好比一块磁铁，当它被赋予使命后，就会成为你行动的原动力，以及推动实现梦想所必需的条件，使你在人生的汹涌波涛中顺利航行，在你失败时，鼓舞你重振信心。

没有行动，任何梦想都不会实现。

没有行动，梦想便一文不值。当我们想去完成某件事时，行动起来是十分重要的。如果我们失败，那是因为我们没有在行动上付出艰苦的努力。

为梦想立志，更要量力而行。

"人若不知足，得陇复望蜀"，说的就是很多人的状态：那些"有志者"往往贪心不足，吃着碗里的望着锅里的，眼高手低，殊不知这样的志向往往可能超出你的力量之外，让你连既得的"陇"也会失去。志气让很多人走向成功，但也让许多人更加失败，反不如前。

梦想是需要我们为其一步一步去奋斗的，不能将梦想当作拖延的借口。不切实际地给自己立下目标，然后终日幻想生活在实现梦想的辉煌日子里，明知道自己无能为力却又不去改变，这样的人永远不可能取得成功。

青铜钟爱空想，王者实现梦想。

"守株待兔"，许多人都愿意选择等待那只"兔子"，期盼机会的出现，殊不知在等待的同时，隔壁田野里已经出现了无数只"兔子"。许多人之所以贫穷，正是由于长期空想所致，因为他们很少去争取实现理想的机会。

如果想摆脱空想，实现理想，你可以参考以下建议：

1. 写下自己的财富之梦，划分出哪些是不切实际的空想，哪些是最适合落地的；

2. 不断细化目标，并罗列出可执行的方案、名单及时间段；

3. 按照自己的计划立即执行；

4.随机应变，根据不同情况，补充并升级原定方案；

5.发现不切实际的地方，立即根据自身情况进行调整，也可以向前辈请教或者和身边人沟通，但是，决不能放弃；

6.如果方案实在行不通，马上更换更全面、更合理的新项目，并付诸新一轮的施行与努力，直到找到正确的路径为止。

第四节　王者的天地

王，始见于商代甲骨文，像斧钺之形，以斧钺象征王权，比喻人类最高的统治者。

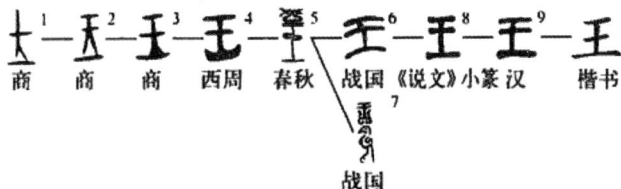

1、2、3《甲文编》第15页。4、5、7《金文编》第18、20页。6《战文编》第14页。8《说文》第9页。9《篆隶表》第15页。

三横，一竖，乃为"王"；三横，分别代表了你的"天"、你自己和你的"地"。

中间一竖：代表你，及你的使命与信仰。王者，是可以将自己的信念贯穿天、地、人之间的那个游戏规则的制定者。

观天之道，执天之行，尽矣。

——《黄帝·阴符经》

天，就是一个人认知的天花板，在不同领域，体现出一个人的格局、眼界与使命感。王者，需要不断提升自己的天花板，让自己的"江山"再设立得宽阔一些，让自己通过努力可以坐拥更多的星辰大海。

没有勇气，畏首畏尾，是青铜需要突破的第一个天花板，无数人被锁死在狭隘的空间里，不敢放弃既有的工作、地位，苟延残喘蹉跎一辈子，就像温水中的青蛙，选择安逸与看似安全的世界，宁可错过广阔天地、风云霁月，殊不知，错过了太多美好。

地，是你的地板，你的根基力，你积累的实力，你能吃的苦，你的耐痛力，你的谦卑，对下属、晚辈及员工的包容度等。王者做事，有自知之明，有谦卑之心、包容之心，敢于吃苦，勇于奋进，不断打磨自己。因此，他们把自己的"地板"磨炼得极为坚固，而且越磨越深。低调做人，厚德载物是人一生的功课，为的就是让自己的下盘更稳一点；学会不断"拉低"自己的地板深度，吃别人吃不了的苦，才能拥有更光明的前景。

能吃苦，一直以来都是中华民族的传统美德。我们生活的时代带给我们美好的生存环境，在这个衣食无忧、物质鼎盛的年代里，能吃得了苦的人却是少之又少。能上更要能下，古今中外，哪位帝王、伟人、大家不是吃尽人间苦楚才有了自身极高的感悟和修为？上下兼容，是成为王者的必要素养。

最后，贯穿始终的是你那颗美好的心灵，是你那强大的愿景与使命。人生在世，驰骋在广阔的天地，思想是指引人生方向的导航；如果没有导引，一切都会陷入迷惘黑暗，会目标丧失，所有的力量也会化为乌有；只有开启内在那股强大的力量，激发那份对目标的渴望，坚持对梦想的追寻，以及极致的决心与韧性，才能自由飞驰在更广阔的天地。

请在任何事物中看见爱。

具备一颗强大且美好的心灵，是打造王者的必备要素。因为，任何事物的发生都是中性的，本无所谓吉凶，一旦有了立场，才会形成视角；同样的事情，你可以从中看见爱，也可以看见非爱，这源于不同的视角。

以观察者的视角去看待生命中的发生，"看见"自己如何思考、决策、表达和行动，从中观察自己的进步与不足，"看见"自己的"小我"如何出现，如何影响你的思维，然后以观察者的视角去看待和处理，这时，你的意识和心境会更加清澈和静定，更能看见自己的无限和美好，从而去超越。

如同父母看待孩子一样去看待这个世界，充满耐心、欢喜与接纳，允许它一点点成长与绽放，用你的努力去成就它，使它因为你的出现而变得更加美好。只有如此，才能做到真正意义上的利他、付出，才能真正成为某个领域的王者。因为真正的成功，就是成就别人。

人生最重要的不是你置身何处，而是你将前往何处。你的人生将达到何种高度，是你的意愿及行为方式决定的。如果能以发展的眼光看待时代的变迁、沧海桑田的变换，以及英雄的丰功伟绩，如果你也拥有如此的灵魂和眼界，想必也会让你在历史的长河中留下浓墨重彩的一笔。

王者，之所以可以成王，正是因为他们做到了贯穿"天、地、人"，对国家、对社会做出了贡献，对员工、对家庭有付出、有担当；正是因为他们极高的格局与使命感不断督促他们前行，成就了他们强大的内心与能力。这些相辅相成，水涨船高。初心，激励着他们在前进的道路上勇往直前，竭尽全力；始终秉持正心正念，对世间万物有感恩与敬畏之心，使他们挺过一路的荆棘。

我相信，"王者"这个概念，对每个人来讲都有不同的意义，它并不只局限于某个个体的成就及能力水平，它是对一切比我们优秀的人、事、物的一个虚拟化的统称；王，是我们对自己的一个要求，是对未来某个状态下的自己的期待，它可以是一段可能改变你人生轨迹的事件，可以是一个人，也可以是一种精神……

诸位可爱的读者们，我希望你们的内心也有这样一个广阔的天地，有金戈铁马、百万雄兵。心怀感恩、充满热情，竭尽全力地一搏，将自己的实力最大限度地发挥出来，突破自己，不负此生，把自己的事业做得更加出色，更加成功，最终打下属于你的王者天地。

对社会及国家的未来担负重要使命的青年读者们，祝愿你们将这些"秘笈"融入各自的生活中，用心地工作与生活，从此开启属于你的成功人生！

1. 重视内在力量，用心感召世界的美好；

2. 秉持有正向、积极的思维方式，对世界充满激情与探索；

3. 谦卑谨慎，拥有利他之心，勇于正视自身不足；

4. 把握当下，懂得识别机会，时刻积蓄实力；

5. 面对选择有当机立断的果敢、做事的魄力与勇往直前的勇气；

6. 不断地学习，通过经历提升自己的认知与格局；

7. 自律，克己，做事追求完美，极致主义；

8. 敢梦，敢干，勇于追求，不畏艰辛，提升耐痛力……

9. 懂得为人处世，经营自己的人格魅力，知行合一；

10. 做一个有担当，有使命，能吃苦，有抱负的人。

书到今生读已迟。

——苏东坡

训练模式　王者的训练

经历与眼界：

每周安排自己去接触和经历一个新鲜领域，按照表格记录，并写下心得感悟。

经历	起初的顾虑	我一开始觉得它	说服自己的理由	做的过程中的感觉	完成后的感觉
经历 A					
经历 B					
经历 C					
总结感悟：有什么想对自己说的吗？					

思考力训练：

1.因果链分析法：

事　　件	
造成的原因	
我的立场	
对未来的影响	
包含的利益群体	
机会及风险	
影响我决策的人、事、物	
我应该如何决策	
带来的正、负两方面影响	

2.归类法思维能力训练：

事　　物	思考内容
什么性质	
处在什么状态	

事　物	思考内容
对外表现的样子	
它的内在本质	
它处于什么阶段	
我与它之间是什么关系	

终极考问：数年之后，回顾自己的一生，你是否成就了那个可以变得更完美的你?

_____

_____

_____

_____

_____

_____

_____

书到今生读已迟。

——苏东坡